ライブラリ情報学コア・テキスト＝ 11

プログラム意味論の基礎

小林直樹・住井英二郎　共著

サイエンス社

「ライブラリ情報学コア・テキスト」によせて

コンピュータの発達は，テクノロジ全般を根底から変え，社会を変え，人間の思考や行動までをも変えようとしている．これらの大きな変革を推し進めてきたものが，情報技術であり，新しく生み出され流通する膨大な情報である．変革を推し進めてきた情報技術や流通する情報それ自体も，常に変貌を遂げながら進展してきた．このように大きな変革が進む時代にあって，情報系の教科書では，情報学の核となる息の長い概念や原理は何かについて，常に検討を加えることが求められる．このような視点から，このたび，これからの情報化社会を生きていく上で大きな力となるような素養を培い，新しい情報化社会を支える人材を広く育成する教科書のライブラリを企画することとした．

このライブラリでは，現在第一線で活躍している研究者が，コアとなる題材を厳選し，学ぶ側の立場にたって執筆している．特に，必ずしも標準的なシラバスが確定していない最新の分野については，こうあるべきという内容を世に問うつもりで執筆している．

全巻を通して，「学びやすく，しかも，教えやすい」教科書となるように努めた．特に，分かりやすい教科書となるように以下のようなことに注意して執筆している．

- テーマを厳選し，メリハリをつけた構成にする．
- なぜそれが重要か，なぜそれがいえるかについて，議論の本筋を省略しないで説明する．
- 可能な限り，図や例題を多く用い，教室で講義を進めるように議論を展開し，初めての読者にも感覚的に捉えてもらえるように努める．

現代の情報系分野をカバーするこのライブラリで情報化社会を生きる力をつけていただきたい．

2007 年 11 月

編者　丸岡　章

は じ め に

　今日の情報化社会では，金融システム，飛行機や車などの交通システムから携帯電話，家電製品に至るまで，身のまわりのあらゆるものがコンピュータによって制御されている．そのコンピュータの「指令書」にあたるものがプログラムであり，その誤動作は，人命や財産の消失，機密情報の流出などの重大な事態に直結する．実際，新聞などの各種報道によれば，プログラムの不具合によるシステムの誤動作は頻繁に起きている．

　本書で扱うプログラム意味論は，プログラムに対して数学的な意味を与えることにより，プログラムの動作についての厳密な議論を可能にする．種々の高レベルプログラミング言語の処理系，プログラムの検証・開発ツールなどは，多かれ少なかれそのような意味論に基づいて構成されており，プログラムの信頼性の重要性の高まりとともに，今後ますます重要な基礎理論となることは間違いない．

　ソフトウェア開発は決して職人芸や力業のデバッグ作業に頼ってなされるべきものではなく（もちろんそれらが必要な場面があることも否定はしないが），数理科学的な基礎に基づいてなされるべきであるというのが著者の信念である．実際，構成的プログラミングと呼ばれるプログラム構成手法では，プログラミングは数学の定理の証明を厳密に書き下す作業と等価である．著者の過去のプログラミングの経験上も，（著者は決してプロのプログラマでも数学者でもないが）プログラミングは数学の証明を書く作業に合い通じる，極めて知的な作業であると感じることが多い．本書を通じて，読者にその感覚を少しでも共有していただければ幸いである．

本 書 の 構 成

　第1章では，本書を理解するために必要となる数学上の予備知識をまとめた．第2章では，プログラミング言語の構文定義の方法を解説し，第4章以降

で用いる単純な命令型プログラミング言語の構文を与える．第3章では，プログラミング言語の意味定義の方法の現在の主流である操作的意味論について解説し，第4章でそれに基づいたプログラムの性質に関する推論方法について解説する．第5章では，ホーア論理と呼ばれる，プログラムの性質に関する推論体系について解説する．第6章では，プログラムの意味を数学的対象（部分関数）として与える，表示的意味論について解説する．第7章では関数型プログラミング言語のモデルであるλ計算について，第8章ではその型システムについて解説する．

　本書はコンピュータサイエンスの学部レベルの学生を念頭において書かれた入門書である．数学や論理学の記法に慣れていない人には，若干とっつきにくいかもしれないが，ソフトウェア開発に携わる人には，プログラムの基礎理論に関する必要最低限の知識として，本書の内容をぜひ身につけておいてほしい．一方，今後プログラム意味論やそれに基づくプログラミング言語処理系，検証ツールの開発・研究などに携わる人には，本書中で参照されている文献などを通して，より深く広い知識を身につけることをお勧めする．

　なお，本書の執筆にあたっては，参考文献 [10] の前半を大いに参考にした．特に，簡単な命令型言語を通して操作的意味論から公理的意味論，表示的意味論を説明するやり方は，[10] を踏襲している．

2020 年 5 月

著　者

目　　次

第1章 数学の予備知識

　本章では，次章以降を理解する上で必要となる数学の概念をまとめておく．「はじめに」で述べたように，プログラム意味論では数学の言葉を用いてプログラムに意味を与えるため，集合や論理の基本概念の理解は必須である．本章で触れる数学の概念は本書を理解するための必要最低限の知識であり，大学で情報数学や論理学を習っていない場合には，ぜひ情報数学，論理学などに関する教科書 [15, 16] で勉強しておくことをお勧めする．

1.1　論理式

　「すべての人間は哺乳類である」「すべての自然数は，奇数または偶数である」のように（ある解釈の下で）その真偽が定まるような文を**命題**と呼ぶ．命題を自然言語で記述すると，その意味に曖昧性が生じることが多い．例えば，以下の文を考えよう．

　　「すべての自然数は，1 よりも大きく，奇数または偶数であるか，0 か
　　1 のいずれかである．」

上の文は，読点で区切られた節がどう結び付いていると解釈するかによって意味が変わってしまう．

　　「すべての自然数は，（1 よりも大きく，奇数または偶数である）か，0
　　か 1 のいずれかである．」

と読めば正しい文であるし，

　　「すべての自然数は，1 よりも大きく，（奇数または偶数であるか，0
　　か 1 のいずれか）である．」

と読めば間違った文である．

表 1.1　論理式とその意味

論理式	読み方	直感的な意味
$A \wedge B$	A かつ B	A と B が両方真である（正しい）
$A \vee B$	A または B	A と B の少なくとも一方が真
$A \Rightarrow B$	A ならば B	A が真ならば B も真
$\neg A$	not（ノット）A	A は正しくない（A は偽である）
$\forall x \in S.A$	S の任意の要素 x について A	A の中の x を S のどんな要素で置き換えても A が真
$\exists x \in S.A$	S のある要素 x について A	A の中の x を S のある要素で置き換えると A が成り立つ

同様に，以下の文を考えよう．

　「どんな整数よりも大きな整数が存在する」

この場合，

　「どんな整数 n を選んでも，n よりも大きな整数が存在する」

と読めば正しい文だし，

　「ある整数 m が存在して，m はどんな整数よりも大きい」

と読めば間違った文である．

　上のような混乱を避けるため，厳密な議論をするときには，命題を**論理式**として記述することが多い．よく使う論理式を**表 1.1** にまとめた．表の中の A や B はそれ自身が論理式である．S は次節で紹介する**集合**を表すが，ここでは単に自然数の集まり，日本人全体，などの要素の集まりを表すものと理解すればよい．

　$\forall x \in S.A$ や $\exists y \in S.A$ の S が明らかなときは $\forall x.A$ や $\exists y.A$ のように省略することもある．また，$(A \Rightarrow B) \wedge (B \Rightarrow A)$ を $A \Leftrightarrow B$ と書くことがある．

　以下に間違えやすい点を挙げる．

- $A \vee B$ は，A または B の**少なくとも一方**が真である（正しい）ことを表す．したがって，A と B がともに真であるときも $A \vee B$ は真である．なお，「A と B のどちらかのみが真である」ことは**排他的論理和**といい，$(A \wedge \neg B) \vee (\neg A \wedge B)$ と表すことができる．

- A が偽（間違っている）ならば，$A \Rightarrow B$ は，B の真偽にかかわらず真である．これは，「あなたが 100m を 1 秒で走れるならば，私は 1000m を 0.1 秒で走ることができる．」と言っても（100m を 1 秒で走ることは不可能であるという前提で）嘘をついたことにはならないことを考えれば理解できるだろう．

- $\forall x \in S$ と $\exists y \in S$ の順序を入れ替えると別の意味になる．例えば，$\forall n \in \mathbf{Nat}.\exists m \in \mathbf{Nat}.m > n$ と $\exists m \in \mathbf{Nat}.\forall n \in \mathbf{Nat}.m > n$ は意味が異なり，前者は成立するが後者は成立しない（例 1.1 参照）．

例 1.1　自然数全体の集まりを **Nat** と書くことにすると，「すべての自然数は，0 以上である」は

$$\forall x \in \mathbf{Nat}.x \geq 0$$

と書ける．

「どんな自然数 x についても，それが 2 よりも大きいならば，1 よりも大きい」は，

$$\forall x \in \mathbf{Nat}.(x > 2 \Rightarrow x > 1)$$

と書ける．

「x は偶数である」を $Even(x)$,「x は奇数である」を $Odd(x)$ と書くことにすれば，[1]
「すべての自然数は，（1 よりも大きく，奇数または偶数である）か，0 か 1 のいずれかである」は，

$$\forall x \in \mathbf{Nat}.[(x > 1 \wedge (Odd(x) \vee Even(x))) \vee x = 0 \vee x = 1]$$

と書ける．

一方，「すべての自然数は，1 よりも大きく，（奇数または偶数であるか，0 か 1 のいずれか）である」は，

$$\forall x \in \mathbf{Nat}.[x > 1 \wedge (Odd(x) \vee Even(x) \vee x = 0 \vee x = 1)]$$

と書ける．

---

[1] $Even(x)$ や $Odd(x)$ 自身も論理式として表すことができる．例えば $Even(x)$ は，$\exists y \in \mathbf{Nat}.x = 2y$ と書ける．

「どんな整数 n を選んでも，n よりも大きな整数 m が存在する」は，

$$\forall n \in \mathbf{Nat}.\exists m \in \mathbf{Nat}.m > n$$

と，「ある整数 m が存在して，m はどんな整数 n よりも大きい」は，

$$\exists m \in \mathbf{Nat}.\forall n \in \mathbf{Nat}.m > n$$

と書ける. ■

演習問題 1.1　以下の表明を，自然数に関する変数 $a, b, c, \ldots$ と定数，および演算 $+, \times$ と等号・不等号を用いた論理式として表せ.

(1)　a は b で割りきれる.
(2)　a は b と c の公約数である.
(3)　a は b と c の最大公約数である.
(4)　a は素数である.
(5)　素数は無限個存在する.

1.2　集　合

（有限または無限個の）要素の集まりを**集合**と呼ぶ.

要素 $a_1, a_2, \ldots, a_n$ からなる集合を $\{a_1, a_2, \ldots, a_n\}$ と書く. $a_1, a_2, \ldots, a_n$ の並びは関係なく，例えば $\{a, b, c\}$ と $\{a, c, b\}$ は同じ集合である. また，要素が 0 個の集合を**空集合**と呼び，$\emptyset$ または $\{\,\}$ で表す.

例 1.2

- $\{1, 2, 3\}$: $1, 2, 3$ の 3 つからなる要素の集合
- $\{\emptyset, \{1\}\}$: 2 つの集合 $\emptyset$ と $\{1\}$ を要素とする集合

■

上記の 2 番目の例のように，集合自身も別の集合の要素になることがある. 実際，集合論では，そのようにして自然数をはじめすべての要素を構成する.

a が集合 X の要素であることを $a \in X$ と記す. 逆に a が集合 X の要素でないときには $a \notin X$ と記す. 例えば，$1 \in \{1, 2, 3\}$ だが $4 \notin \{1, 2, 3\}$ である.

集合 X の要素がすべて集合 Y の要素であるとき，X は Y の**部分集合**（subset）であるといい，$X \subseteq Y$ または $Y \supseteq X$ と書く. $X \subseteq Y$ かつ $Y \subseteq X$ が成

り立つとき，集合 X と Y は等しいといい，$X = Y$ と書く．

1.2.1　集合上の演算

集合 X または Y の要素のみからなる集合を X と Y の**和集合**と呼び，$X \cup Y$ と書く．例えば，$\{1,4\} \cup \{2,5\} = \{1,2,4,5\}$ が成り立つ．

集合 X と Y の両方に含まれる要素のみからなる集合を X と Y の**共通集合**と呼び，$X \cap Y$ と書く．例えば，$\{1,2,4\} \cap \{2,5\} = \{2\}$ が成り立つ．

集合 X の部分集合すべてを要素としてもつ集合を X の**冪集合**（powerset）と呼び，2^X と書く．例えば，

$$2^{\{0,1,2\}} = \{\emptyset, \{0\}, \{1\}, \{2\}, \{0,1\}, \{0,2\}, \{1,2\}, \{0,1,2\}\}$$

が成り立つ．上の定義から，$X \subseteq Y$ と $X \in 2^Y$ とは同値である．

集合 X の要素 x のうち，条件 $P(x)$ を満たすもののみからなる集合を $\{x \in X \mid P(x)\}$ と書く．例えば，

$$\{x \in \{0,1,2\} \mid x > 1\} = \{2\}$$

である．自然数の集合を **Nat** と書くことにすると，偶数のみからなる集合は，

$$\{x \in \mathbf{Nat} \mid \exists y \in \mathbf{Nat}.(2 \times y = x)\}$$

と表すことができる．$\{x \in X \mid P(x)\}$ の $P(x)$ において，一番外側の $\exists$ は省略することが多い．したがって，$\{x \in \mathbf{Nat} \mid 2 \times y = x\}$ は $\{x \in \mathbf{Nat} \mid \exists y \in \mathbf{Nat}.(2 \times y = x)\}$ を意味する．$\{x \in X \mid P(x)\}$ の X が明らかなときは $\{x \mid P(x)\}$ のように省略することもある．また，一般に変数 $x_1, \ldots, x_n$ を含む式 $f(x_1, \ldots, x_n)$ に対し，$\{y \in X \mid y = f(x_1, \ldots, x_n) \wedge P(x_1, \ldots, x_n)\}$ を $\{f(x_1, \ldots, x_n) \in X \mid P(x_1, \ldots, x_n)\}$ のように書く．

集合 X の要素 x と集合 Y の要素 y の組 (x,y) からなる集合を X と Y の**直積集合**と呼び，$X \times Y$ で表す．例えば，$\{0,1\} \times \{2,3\} = \{(0,2), (0,3), (1,2), (1,3)\}$ である．同様に，$X_1, \ldots, X_n$ の要素 $x_1, \ldots, x_n$ の組 $(x_1, \ldots, x_n)$ からなる集合を $X_1 \times \cdots \times X_n$ と書く．[2]

---

[2]集合論では，組 (x,y) を $\{\{x\}, \{x,y\}\}$ で表す．

1.2.2　関　係

$X \times Y$ の部分集合を集合 X と Y の間の **2 項関係**と呼ぶ. $\mathcal{R}$ が集合 X と Y の間の 2 項関係であるとき, $(x,y) \in \mathcal{R}$ が成り立つことを, しばしば $x\mathcal{R}y$ と記す. また, X と X の間の 2 項関係を **X 上の 2 項関係**とも呼ぶ.

同様に, $X_1,\ldots,X_n$ の直積 $X_1 \times \cdots \times X_n$ の部分集合を $X_1,\ldots,X_n$ の間の **n 項関係**と呼ぶ.

例えば, 自然数の大小関係 $\leq$ は, x が y 以下であるような組 (x,y) の集合, すなわち

$$
\begin{aligned}
\leq \quad = \quad & \{(0,0),(0,1),(0,2),(0,3),\ldots, \\
& (1,1),(1,2),(1,3),\ldots, \\
& (2,2),(2,3),\ldots, \\
& \ldots\}
\end{aligned}
$$

という関係として定義される.

$\{(x,x) \mid x \in X\}$ を X 上の**恒等関係**と呼ぶ.

X 上の関係 $\mathcal{R}$ が以下の 3 つの条件をすべて満たすとき, $\mathcal{R}$ を X 上の**同値関係**と呼ぶ.

- 反射律：任意の $x \in X$ について, $(x,x) \in \mathcal{R}$.
- 対称律：任意の $x,y \in X$ について, $(x,y) \in \mathcal{R}$ ならば $(y,x) \in \mathcal{R}$.
- 推移律：任意の $x,y,z \in X$ について, $(x,y) \in \mathcal{R}$ かつ $(y,z) \in \mathcal{R}$ ならば $(x,z) \in \mathcal{R}$.

演習問題 1.2　自然数に関する同値関係で, 恒等関係以外のものを挙げよ.

X 上の関係 $\mathcal{R}$ が以下の 3 つの条件をすべて満たすとき, $\mathcal{R}$ を X 上の**半順序関係**

- 反射律：任意の $x \in X$ について, $(x,x) \in \mathcal{R}$.
- 推移律：任意の $x,y,z \in X$ について, $(x,y) \in \mathcal{R}$ かつ $(y,z) \in \mathcal{R}$ ならば $(x,z) \in \mathcal{R}$.
- 反対称律：任意の $x,y \in X$ について, $(x,y),(y,x) \in \mathcal{R}$ ならば $x = y$.

X 上の関係 $\mathcal{R}$ で, 無限降下列

$$
\cdots \mathcal{R}x_2 \mathcal{R}x_1 \mathcal{R}x_0
$$

(すなわち無限列 $x_0, x_1, x_2, \ldots \in X$ で任意の $i \in \mathbf{Nat}$ について $x_{i+1} \mathcal{R} x_i$ が成り立つもの) が存在しないとき, $\mathcal{R}$ を X 上の**整礎関係** (well-founded relation) と呼ぶ.

例 1.3

(1) 通常の自然数間の大小関係 $<$ は, 自然数の集合 $\mathbf{Nat}$ 上の整礎関係である.

(2) 自然数上の 2 項関係 $\mathcal{R} = \{(n, n+1) \mid n \in \mathbf{Nat}\}$ は, $\mathbf{Nat}$ 上の整礎関係である.

(3) 通常の整数間の大小関係 $<$ は, 整数の集合 $\mathbf{Z}$ 上の整礎関係ではない.

(4) $\mathbf{Z}$ 上の 2 項関係 $\mathcal{R}$ を $x \mathcal{R} y \Leftrightarrow y < x \leq 100$ によって定めると, $\mathcal{R}$ は $\mathbf{Z}$ 上の整礎関係である.

(5) $\mathcal{R}_1$, $\mathcal{R}_2$ がそれぞれ X_1, X_2 上の 2 項関係であるとき, 以下によって定められる $X_1 \times X_2$ 上の 2 項関係 $\mathcal{R}$ は整礎関係である.

$$(x_1, x_2) \mathcal{R} (y_1, y_2) \Leftrightarrow x_1 \mathcal{R}_1 y_1 \vee (x_1 = y_1 \wedge x_2 \mathcal{R}_2 y_2)$$

整礎関係については, 以下のような帰納法の原理が成り立つ.

定理 1.1 (**整礎帰納法**)　$<$ が X 上の整礎関係であるとき, 以下の条件は $\forall x \in X.P(x)$ が成り立つための必要十分条件である.

$$\forall x \in X.((\forall y \in X.y < x \Rightarrow P(y)) \Rightarrow P(x))$$

■ 関係に関する演算

$\mathcal{R}$ が 2 項関係であるとき, 2 項関係 $\{(y, x) \mid (x, y) \in \mathcal{R}\}$ を $\mathcal{R}$ の**逆関係**と呼び, $\mathcal{R}^{-1}$ と書く.

$\mathcal{R}_1 \subseteq X \times Y$, $\mathcal{R}_2 \subseteq Y \times Z$ であるとき, 関係 $\mathcal{R}_1, \mathcal{R}_2$ の**合成** $\mathcal{R}_1 \mathcal{R}_2$ を以下によって定義する.[3]

$$\{(x, z) \in X \times Z \mid \exists y.((x, y) \in \mathcal{R}_1 \wedge (y, z) \in \mathcal{R}_2)\}$$

---

[3] $\mathcal{R}_2 \circ \mathcal{R}_1$ のように, $\mathcal{R}_1$ と $\mathcal{R}_2$ を逆に書く流儀もあるので注意.

例えば，$\mathcal{R}_1 = \{(1, a), (2, b)\}$，$\mathcal{R}_2 = \{(a, 3), (b, 2)\}$ であれば，$\mathcal{R}_1\mathcal{R}_2 = \{(1, 3), (2, 2)\}$ である.

$\mathcal{R}$ が X 上の 2 項関係であるとき，$\mathcal{R}^n$ $(n = 0, 1, 2, \ldots)$ を

$$\mathcal{R}^0 = \{(x, x) \mid x \in X\}$$
$$\mathcal{R}^{n+1} = \mathcal{R}^n\mathcal{R}$$

によって定義する．$\bigcup_{n \in \mathbf{Nat}} \mathcal{R}^n = \mathcal{R}^0 \cup \mathcal{R}^1 \cup \mathcal{R}^2 \cup \cdots$ を $\mathcal{R}$ の**反射推移的閉包**
(reflexive transitive closure) と呼び $\mathcal{R}^*$ と書く．例えば $X = \{0, 1, 2, 3\}$ 上で

$$\{(0, 1), (1, 2), (2, 3)\}^* \quad = \quad \{(0, 0), (0, 1), (0, 2), (0, 3), (1, 1), (1, 2), (1, 3),$$
$$(2, 2), (2, 3), (3, 3)\}$$

が成り立つ．$\mathcal{R}^*$ は，$\mathcal{R}$ を含み，反射律と推移律を満たす（集合として）最小
の関係に他ならない.

演習問題 1.3 $\{(0, 2), (2, 3)\}^*$ を求めよ.

演習問題 1.4 有向グラフの辺集合を E とする．E^* は何を表すか？

1.2.3 関　数

集合 X と集合 Y の間の 2 項関係 $\mathcal{R}$ $(\subseteq X \times Y)$ のうち，次の条件を満たす
ものを**部分関数**（partial function）と呼ぶ.

$$\forall x \in X.\forall y, z \in Y.(x\mathcal{R}y \wedge x\mathcal{R}z \Rightarrow y = z)$$

上の条件は，X の要素 x と関係づけられている Y の要素は高々一つである
ことを表す.

X から Y への部分関数全体からなる集合を，$X \rightharpoonup Y$ と書く．2 項関係 f
が X から Y への部分関数であるとき，$(x, y) \in f$ のことをしばしば $f(x) = y$
と書く.

X から Y への部分関数 f，Y から Z への部分関数 g が与えられたとき，f
と g の**合成関数** $g \circ f$ を以下によって定義する.

$$g \circ f = \{(x, z) \mid \exists y.(f(x) = y \wedge g(y) = z)\}$$

これは，f, g を 2 項関係としてみたときの合成 fg に他ならない.

例 1.4 $f(0) = 1$, $f(1) = 2$ によって定義される，集合 $\{0, 1, 2\}$ から集合 $\{0, 1, 2\}$ への部分関数 f は，

$$\{(0, 1), (1, 2)\}$$

という集合として表現される．■

部分関数 $\mathcal{R}$ のうち，さらに次の条件を満たすものを**関数**（全関数，total function）と呼ぶ．

$$\forall x \in X. \exists y \in Y. (x\mathcal{R}y)$$

この条件は，任意の X の要素 x に対して関係づけられている Y の要素が少なくとも一つ存在することを要求する．

X から Y への関数全体からなる集合を，$X \to Y$ と書く．

例 1.5 例 1.4 の関数 f は，集合 $\{0, 1\}$ から集合 $\{0, 1, 2\}$ への関数である．

$$\{0, 1\} \to \{0, 1\}$$

は，以下の 4 つの関数からなる集合である．

$$\{(0, 0), (1, 0)\}$$
$$\{(0, 1), (1, 1)\}$$
$$\{(0, 0), (1, 1)\}$$
$$\{(0, 1), (1, 0)\}$$

■

X から Y への関数 f で，条件 $\forall y \in Y. \exists x \in X. (f(x) = y)$ を満たすものを，**全射**と呼ぶ．また，条件 $\forall x_1, x_2 \in X. (f(x_1) = f(x_2) \Rightarrow x_1 = x_2)$ を満たすものを，**単射**と呼ぶ．全射かつ単射である関数を，**全単射**と呼ぶ．

X から Y への関数 f の逆関係 f^{-1} が関数であるとき，f^{-1} を f の**逆関数**と呼ぶ．なお，関数 f の逆関数が存在するための必要十分条件は，f が全単射であることである．

演習問題 1.5 (1) $\{0, 1\}$ から $\{0, 1\}$ への単射をすべて挙げよ．

(2) $\{0, 1, 2\}$ から $\{0, 1\}$ への全射はいくつあるか？

(3) $\{(0, 2), (1, 1)\} \in \{0, 1\} \to \{1, 2\}$ の逆関数を求めよ．

1.2.4　**可算集合と非可算集合**

　無限個の要素を持つ集合を**無限集合**という．例えば自然数全体の集合や実数全体の集合は無限集合である．

　集合 X から集合 Y への全単射が存在するとき，集合 X と集合 Y の**濃度**が等しいという．集合 X と集合 Y が有限集合である場合には，濃度が等しいことと要素の数が等しいことは等価である．集合 X と集合 Y の濃度が等しいためには，X から Y への全射と Y から X への全射が存在することが必要かつ十分である．また，X から Y への単射と Y から X への単射が存在することも集合 X と集合 Y の濃度が等しいための必要十分条件である．

　無限集合のうち，自然数の集合と濃度が等しいもの（直感的には，すべての要素に自然数の番号をつけられるもの）を**可算（無限）集合**と呼び，それ以外の無限集合を**非可算集合**と呼ぶ．

例 1.6　整数の集合は可算集合である．自然数の集合から整数への集合への関数 f を以下のように定めれば，全単射となる．

$$f(n) = \begin{cases} m & n = 2m \text{ のとき} \\ -m & n = 2m-1 \text{ のとき} \end{cases}$$

例 1.7　実数の集合や，自然数から集合 $\{0,1\}$ への関数の集合は非可算集合である．

　後者が非可算集合であることを背理法を用いて証明する（一般に，以下のような背理法を**対角線論法**と呼ぶ）．自然数の集合 **Nat** から，自然数から $\{0,1\}$ への関数の集合 $\mathbf{Nat} \to \{0,1\}$ への全単射 f が存在したとしよう．このとき，f を用いて関数 g を以下のように定義する．

$$g(n) = \begin{cases} 0 & f(n)(n) = 1 \text{ のとき} \\ 1 & f(n)(n) = 0 \text{ のとき} \end{cases}$$

g は自然数から $\{0,1\}$ への関数なので，$g = f(m)$ を満たす自然数 m が存在する．$g(m)$ の値を考えると，関数 g の定義から，$g(m) = 0 \Leftrightarrow f(m)(m) = 1$ である．一方，$g = f(m)$ なので，$g(m) = 0 \Leftrightarrow f(m)(m) = 0$．よって，

$f(m)(m) = 0 \Leftrightarrow f(m)(m) = 1$ となり，矛盾が生じる．

ゆえに，**Nat** から **Nat** $\to \{0,1\}$ への全単射は存在せず，**Nat** $\to \{0,1\}$ は非可算集合である．■

演習問題 1.6　以下の集合が可算集合であるか否かを答えよ．
- (1)　文字 a と b のみからなる有限長の列の集合
- (2)　文字 a と b のみからなる無限列の集合
- (3)　C 言語のプログラムの集合

=== **コラム：集合の濃度と計算可能性** ===

現在の世の中では，様々なものがコンピュータプログラムによって制御されているが，コンピュータのプログラムによって計算できるものに限界はないのだろうか？これはコンピュータサイエンスの根幹に関わる重要な問題である．答えは「限界はある」だが，実は集合の濃度の議論だけからでもそれを知ることができる．

まず，プログラミング言語を一つ固定しよう．機械語でも，C 言語でも何でもよい．大事なことは，プログラムは有限長の文字列であるということだ．例えば機械語プログラムは 0, 1 だけからなる有限長の列である．すると，1.2.4 項の議論から，プログラムは可算個しかない，つまりプログラム全体の集合は可算集合であることが容易にわかる．

今，実数を小数表示で出力するプログラムを考えよう．円周率のような無限小数の場合には，上の桁から順に

$$\text{'3', '.', '1', '4', '1', '5', '9', } \ldots$$

のように無限に表示し続けるようなプログラムを考えればよい．効率を度外視すれば $\frac{1}{3} = 0.3333\cdots$，$\sqrt{2} = 1.4142\cdots$ や $\pi = 3.1415\cdots$ を出力するプログラムを書くのは難しくないであろう．では，どのような実数でも，それを出力するプログラムを書くことができるのだろうか？

上の問いの答えが否であることは，実数の集合が非可算集合であることから容易にわかる．プログラムの集合は可算集合なので，p_0, p_1, p_2, $\ldots$ と番号づけすることができる．プログラム p_i によって実数（の小数点表示）が出力される場合にその実数を r_i と書くことにすると，そのような実数 r_i からなる集合 S は明らかに可算集合である．（S の要素 r の番号として，$r = r_i$ となる最小の i を選べばよい．）一方，実数全体の集合は非可算であるから，S に含まれない実数が必ず存在する（しかも S の要素よりもはるかに大量にある！）ことがわかる．

上の議論だけからは，計算不可能なものの存在がどの程度重大で，身近な問題に影響を与えるのかは見えてこないかもしれない．確かに理論的には計算（出力）できない実数があるかもしれないが，円周率 π や自然対数の底 e も，またそれらに三角関数を適用した値も計算できる．しかし，計算不可能な問題には，次のようにコンピュータサイエンスや数学にとって重要な問題が含まれることが知られている．

- **停止性判定問題**：プログラム p とその入力 x が与えられたとき，$p(x)$ が停止するか否か.
- **ディオファントス方程式の可解問題**：整数係数の多変数多項式からなる方程式 $P(x_1,\ldots,x_k)=0$ が与えられたときに，その整数解が存在するか否か.

上記の問題が計算不可能とは（なお，これらの問題は Yes または No を答える問題なので，通常は**決定不能問題**と呼ぶ），それを解く**完璧な**プログラムは存在しないこと，例えば停止性判定問題であれば，プログラム p と入力データ x を入力とするプログラム $halt(p,x)$ で以下の性質を満たすものは存在しないということを意味する．

$$halt(p,x) = \begin{cases} 1 & p(x) \text{ が停止するとき} \\ 0 & p(x) \text{ が停止しないとき} \end{cases}$$

この停止性判定問題の決定不能性は，1.2.4 項で用いたような対角線論法を用いて証明できるので，頭の体操として考えてみてほしい．

停止性問題の決定不能性から多くのプログラム検証の問題が決定不能であることが導かれる．例えば，仮に，「与えられたプログラムが 0 を出力するか否か？」を完璧に判定できるプログラム q が書けたとしよう．すると，停止性問題の入力 p, x が与えられたとき，$p(x); print\,0$（ただし p の中のプリント文は何もしない文で置き換える）というプログラムを q に与えれば，$p(x)$ が停止するか否かが判定できてしまう．

ディオファントス方程式の可解問題には，多くの数学の問題を帰着することができる．例えば，$n\geq 3$ かつ $x^n+y^n=z^n$ を満たす整数 n, x, y, z は存在しないというフェルマー-ワイルズの定理もディオファントス方程式の（非）可解問題に置き換えることができる．したがって，もしディオファントス方程式の可解問題を解くことができる「完璧な」プログラムが存在したら，それを走らせて待つだけで多くの数学の問題が解決されることになる．逆に言えば数学者の仕事がなくなってしまう[4]ところだが，幸か不幸か現実にはそのようなプログラムは存在しないのである．

なお上の決定不能性は，あくまで，その問題を解くための「完璧な」プログラムが存在しない，という意味であって，完璧でないプログラム，例えば多くの入力に対し

---

[4]というのは言い過ぎで，実際には仮にそのようなプログラムが存在したとしても現実的な時間で答えを出すことができなければ役に立たない．

ては正しい答えを出すが，他の入力に対しては「わからない」と答えるようなプログラムは作れるかもしれない，ということに注意してほしい．実際，そのような「完璧でない」プログラムの自動検証や数学の定理証明を行うプログラムを開発する研究は着々と（？）進んでいる．

第2章 プログラミング言語の構文

　プログラミング言語にせよ，日本語，英語などの自然言語にせよ，文（プログラム）は文字列で表すことができるが，すべての文字列が文と見なされるわけではない．例えば，文字列 "This is a pen." は英語の文であるが，"Pen a this is." は英語の文ではない．言語の**構文**（syntax）とは，どのような文字列が構造的に正しいか，またその文字列がどのような構造をしているとみなすかを規定するものである．例えば，"This is a pen." は主語である "this" と動詞句 "is a pen" から構成され，さらに動詞句 "is a pen" は，動詞 "is" と補語 "a pen" から構成されるとみなされる．言語の構文に従っている，構造的に正しい文字列をその言語の**文**と呼ぶ．プログラミング言語の（上記用語での）文のことを，**プログラム**と呼ぶ．

　一方，意味論（semantics）とは，構文的に正しい文に対して，それがどのような意味を持つかを定めるものである．構文的に正しい文であっても，意味的に正しいとは限らない．例えば，"He throws a ball." と "A ball throws him." はともに構文的に正しいが，意味的には後者は（常識的には）間違っている．日本語や英語などの自然言語では構文と意味論の境は曖昧だが，プログラミング言語では通常は，構文と意味論を厳格に分けて議論し，言語処理系でも構文を解釈するフェーズと意味を解釈するフェーズに分かれている．

　本章では，まずプログラミング言語の構文の定義方法について解説した後，次章以降のプログラミング言語の意味論の解説に用いる単純なプログラミング言語 $\mathcal{W}$ の構文を定義する．最後の 2.6 節では，構文定義とそれに付随する帰納法の原理などについての数学的により厳密な扱いを行う．集合の概念に慣れていない読者が最初に本書を読む際には 2.6 節を読み飛ばしてもかまわない．

2.1 BNF による構文の定義

　本節では，プログラミング言語の一部である算術式からなる言語の構文を例

にとり，構文の定義方法を解説する．

　ここで考える算術式とは，自然言語で述べれば，

　　整数（を表す文字列），プログラム変数（を表す文字列，以下では単に
　　変数と呼ぶ），および 2 項演算子記号 +，× によって構成される式

のことである．ただし，上記の自然言語の文では，算術式の構文を厳密に定義
したとは言いがたい．例えば，足し算を 1 + 2 のように記述するのか + 12 の
ように記述するのか，また，2 × X + Y のように + や × を複数回用いた式も
含まれるのかなど曖昧な点が多い．

　算術式の構文を自然言語を用いてより厳密に定義したのが以下の規則である．ただし，整数やプログラム中で用いる変数を表す文字列の集合はすでに定
まっているものとする．

(1)　整数（を表す文字列）は算術式である．

(2)　変数（を表す文字列）は算術式である．

(3)　a_0 と a_1 が算術式ならば，$a_0 + a_1$ は算術式である．

(4)　a_0 と a_1 が算術式ならば，$a_0 \times a_1$ は算術式である．

(5)　上記によってのみ構成されるものが算術式である．

上記の (1) および (2) から，123，−4 などの整数，X，Y などの変数は算術式
である．(3) と (4) は，2 つの算術式と +，× の組み合わせで算術式が構成で
きることを示している．(5) は (1) から (4) 以外には算術式を構成する手段が
ないことを述べている．(1) から (4) は，「算術式の集合にはどんなものが含ま
れるか」を表す規則であり，「**どんなものが含まれないか**」は表していないこと
に注意されたい．(5) によって，例えば +X が算術式でないことが導かれる．

　(3) と (4) では，算術式を定義するのに，算術式に言及していることに注意
されたい．このように，集合を定義する際に定義される集合そのものに循環的
に参照する場合には，ある一定の作法に従っていなければならない．詳しくは
2.6 節を参照されたい．

例 2.1　上記の規則に基づけば，X と Y が変数ならば 2 × X + Y が算術式
であることが以下のようにしてわかる．

(a)　(1) より，2 は算術式である．

(b)　(2) より，X は算術式である．

(c)　(a), (b), (4) より，$2 \times X$ は算術式である．

(d)　(2) より，Y は算術式である．

(e)　(c), (d), (3) より，$2 \times X + Y$ は算術式である．

∎

　実際にプログラミング言語の構文を定義する際には，上記のような自然言語による記述ではなく，**BNF 記法**[1]と呼ばれる，より形式的な言語で記述する．その理由としては，(1) 形式的な言語を用いた方が記述が簡潔であること，(2) 自然言語による定義は，細心の注意を払わないと曖昧性や矛盾が生じる可能性があること，などが挙げられる．（後者の問題を理解するために，例えば規則に「算術式でないものは変数である」を追加したらどうなるか考えてみよ．）

　上記の算術式の文法を BNF で表現すると以下のようになる．

$$\langle 算術式 \rangle ::= \langle 整数 \rangle \mid \langle 変数 \rangle \mid \langle 算術式 \rangle + \langle 算術式 \rangle \mid$$
$$\langle 算術式 \rangle \times \langle 算術式 \rangle$$

ここで，$\langle 算術式 \rangle$，$\langle 整数 \rangle$，$\langle 変数 \rangle$ はそれぞれ算術式，整数，変数を表す変数である．定義の対象である算術式中の変数と区別するため，これらの変数を**メタ変数**と呼ぶ．「::=」は，これで一まとまりの記号であり，::= の左側の要素が縦棒によって区切られた右側の要素のいずれかの形であることを表す．したがって，上の定義は算術式が整数，変数，算術式の和，積のいずれかの形であることを表す．

　メタ変数 $\langle 算術式 \rangle$，$\langle 整数 \rangle$，$\langle 変数 \rangle$ の代わりに a, n, X のような英字アルファベットをメタ変数として用いることも多い．これらのメタ変数を用いれば上の定義は以下のようになる．

$$a ::= n \mid X \mid a + a \mid a \times a$$

上記 $a + a$ 中の 2 つのメタ変数 a の出現は，別々の算術式を表すことに注意されたい．このことを明示するために，以下のように添字をつけて記述する場合もある．

---

[1]BNF は Backus-Naur Form の略であり，Backus と Naur は，それぞれ 1977 年と 2005 年のチューリング賞受賞者（コンピュータサイエンス分野のノーベル賞に値する賞）の名前である．F が form の略であることから，BN 記法という呼び方の方が適切かも知れない．

$$a ::= n \mid X \mid a_0 + a_1 \mid a_0 \times a_1$$

本書では，主にこの最後の記法を用いる．

例 2.2 プログラム変数の集合を「英語アルファベットの大文字で始まり，0
個以上の英語アルファベットの大文字，小文字，または数字が並ぶ文字列の集
合」とする．これを BNF で記述すれば以下のようになる．

〈変数〉	::=	〈大文字〉〈英数字列〉
〈英数字列〉	::=	ϵ | 〈英数字〉〈英数字列〉
〈大文字〉	::=	'A' | 'B' | $\cdots$ | 'Z'
〈小文字〉	::=	'a' | 'b' | $\cdots$ | 'z'
〈数字〉	::=	0 | 1 | $\cdots$ | 9
〈英数字〉	::=	〈大文字〉 | 〈小文字〉 | 〈数字〉

2 行目の ϵ は空列（空の文字列）を表す．3 行目から 5 行目は，文字としての
A, B, ..., a, b, ... とメタ変数とを混同しないために文字を引用記号で囲って
いる（混同の恐れがない場合は不要である）．■

演習問題 2.1 整数を表す文字列の集合を BNF を用いて定義せよ．

BNF の生成文法としての解釈

BNF による言語構文の定義

$$A ::= B_1 \mid \cdots \mid B_n$$

を，言語の要素を生成するための書き換え規則の集合 $\{A \longrightarrow B_1, \ldots, A \longrightarrow B_n\}$ とみなすことができる．例えば，

〈算術式〉 ::= 〈整数〉 \| 〈変数〉 \| 〈算術式〉 + 〈算術式〉 \|
〈算術式〉 × 〈算術式〉

に従って，以下のような書き換えを行うことにより，$2 \times X + Y$ を得ることが
できる．

〈算術式〉	$\longrightarrow$	〈算術式〉 + 〈算術式〉
	$\longrightarrow$	〈算術式〉 × 〈算術式〉 + 〈算術式〉
	$\longrightarrow^*$	〈整数〉 × 〈変数〉 + 〈変数〉
	$\longrightarrow^*$	$2 \times X + Y$

上の BNF によって定義される算術式の集合は，上記のような書き換え規則によって生成される，メタ変数を含まない文字列の集合と一致する．一般に，BNF は形式言語理論の**文脈自由文法**に対応する．文脈自由文法については，形式言語理論とオートマトンに関する教科書 [6, 18] を参照されたい．

演習問題 2.2　例 2.2 の BNF に従い，変数 X1 の生成過程を書き下せ．

2.2　構文解析木と文法の曖昧性

　本章の冒頭に述べたように，言語構文の役割は，文字列が言語の文であるかどうかのみだけでなく，どのような構造をした文であるかも定義することである．文の構造は，構文定義に従って構成される**構文解析木**（parse tree）によって表現することができる．例えば $2 \times X + Y$ の構文解析木は以下によって与えられる．

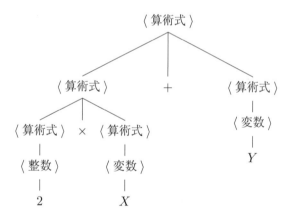

　上の「木」は，一番上の〈算術式〉を根元とみると，そこから順に枝分かれをしており，葉の部分を左から読むと文字列 $2 \times X + Y$ となっている．

　上の構文解析木を下から見ると，

　　「2 は整数であるがゆえに算術式であり，X は変数であるがゆえに算術式であり，したがってそれらの掛け算 $2 \times X$ は算術式である．同様に Y も算術式であり，したがってその和は算術式である」

と読むことができる．このような，BNF に従って与えられた文字列が文であ

ることの証明が構文解析木である. この証明は, $2 \times X + Y$ が $2 \times X$ と Y の和の形になっており, さらに $2 \times X$ は

2 と X の積の形になっているという, 文の構造を表しているということに注意してほしい.

また, 上からみると, 前節で述べたように BNF を生成規則とみなしたときの, 〈算術式〉から $2 \times X + Y$ への書き換えの過程を表す木と考えることもできる.

構文の曖昧性

実は, 前述の算術式の BNF に従えば $2 \times X + Y$ は, 2 と $X + Y$ の積という解釈もでき, それに対応した, 下のような別の構文解析木が存在する.

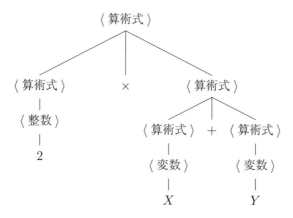

このように, 一つの文に対して 2 通り以上の構文解析木が存在するとき, **曖昧な構文**と呼ぶ.

算術式の構文の曖昧性を解消するため, 括弧を追加するとともに, 足し算と掛け算の間の優先順位を考慮すると, 以下のような BNF が得られる.

$$
\begin{array}{lcl}
\langle 算術式 \rangle & ::= & \langle 積 \rangle \,|\, \langle 算術式 \rangle + \langle 積 \rangle \\
\langle 積 \rangle & ::= & \langle 原子式 \rangle \,|\, \langle 積 \rangle \times \langle 原子式 \rangle \\
\langle 原子式 \rangle & ::= & (\,\langle 算術式 \rangle\,) \,|\, \langle 整数 \rangle \,|\, \langle 変数 \rangle
\end{array}
$$

上の BNF では, 掛け算の演算子 × は「〈積〉×〈原子式〉」という形でしか許されないため, × の右側には, 整数, 変数, または括弧で囲まれた式しか出現できない. したがって, $2 \times X + Y$ を, 2 と $X + Y$ との積と解釈することは

できない.

演習問題 2.3　上の，足し算と掛け算の優先順位を考慮した BNF に従い，$2 \times X + Y$ の構文解析木を書け.

演習問題 2.4　命題論理の論理式の集合を以下によって定義する.
- 論理変数は論理式である.
- A と B が論理式ならば，$A \wedge B$，$A \vee B$，$A \Rightarrow B$ も論理式である.
- A が論理式ならば，$\neg A$ も論理式である.
- 以上の規則によって構成されるもののみが論理式である.

論理式の曖昧でない構文を BNF で定義せよ. ただし，論理記号の優先順位は，$\neg$，$\wedge$，$\vee$，$\Rightarrow$ の順とし，$\Rightarrow$ は右結合で，$\wedge$ と $\vee$ は左結合とする.

2.3　具象構文と抽象構文

　プログラミング言語の構文と意味論を定義する際には，実は 2 種類の構文を使い分ける. まず，実際のプログラムに文字列として現れる文の構文を定義する際には，**具象構文**（concrete syntax）と呼ばれる，曖昧性がなく，括弧や演算子間の優先順位などを明確にした構文を用いる. 前述の算術式の例では，後で定義した括弧つきの算術式の構文が具象構文である.

　一方，次章以降で扱うプログラムの意味論の定義や，言語処理系内部のプログラムの構文を解析した後にプログラムを評価したり変換したりする部分では，もはや括弧などは意味をなさない（$1+1$ と $(1+1)$ は意味的には同じであることに注意されたい）. そこで，括弧など，プログラムの意味を与える上で本質的でない部分を省略して単純化した**抽象構文**（abstract syntax）を用いる. 算術式の例では，最初に定義した構文が抽象構文である. 前述のとおり，この抽象構文は，文字列としての算術式の定義とみると曖昧性があるが，これは，次のように，すべての構文要素に目には見えない括弧がついているものと解釈すればよい.

$$\langle 算術式 \rangle ::= (\langle 整数 \rangle) \mid (\langle 変数 \rangle) \mid (\langle 算術式 \rangle + \langle 算術式 \rangle) \mid$$
$$(\langle 算術式 \rangle \times \langle 算術式 \rangle)$$

2.4 構 文 解 析

インタプリタやコンパイラなどのプログラム評価器，プログラム変換器では，まず文字列としてのプログラムを受け取り，構文解析木を内部で生成する．この処理を**構文解析**と呼ぶ．この構文解析の処理は，さらに**字句解析**と構文解析の 2 つに細分される．字句解析では，まず整数を表す文字列や変数名などを一まとまりの単語に置き換えることにより，文字列としてのプログラムを単語列に置き換える．その後，具象構文に従って単語列としてのプログラムを解析し，構文解析木を構成する．ただし，前述したとおり，具象構文には，括弧など，その後の処理には不要な情報が多く含まれるため，通常，構成される構文解析木は抽象構文に従ったものである．この構文解析木を**抽象構文木**（abstract syntax tree）と呼ぶ．

なお，字句解析を行うプログラム（字句解析器）と構文解析を行うプログラム（構文解析器）はそれぞれ Lex と Yacc と呼ばれるツールなどを用いて自動生成することができる．構文解析器を生成するには，上記の BNF 風の文法定義を Yacc の入力として与えればよい．字句解析や構文解析，および Lex や Yacc の使い方などの詳細については，コンパイラの教科書 [1, 14] を参照されたい．

2.5 言語 $\mathcal{W}$ の構文

次章以降で用いるプログラミング言語 $\mathcal{W}$ の抽象構文を以下に示す．言語 $\mathcal{W}$ は，C 言語などの**命令型プログラミング言語**（imperative programming language）を単純化したもので，プログラムは（有限個の）変数に値を保持しながら，条件分岐や while 文による繰り返しにより，計算を行う．

$$a \text{ (算術式)} \quad ::= \quad n \mid X \mid a_0 + a_1 \mid a_0 \times a_1$$
$$b \text{ (ブール式)} \quad ::= \quad \textbf{true} \mid \textbf{false} \mid a_0 \leq a_1 \mid \textbf{not}(b) \mid b_0 \textbf{ and } b_1$$
$$c \text{ (プログラム)} \quad ::= \quad \textbf{skip} \mid X := a \mid c_0; c_1 \mid \textbf{if } b \textbf{ then } c_0 \textbf{ else } c_1 \mid$$
$$\textbf{while } b \textbf{ do } c$$

ここで，n は整数（を表す文字列）を，X は変数を表すメタ変数である．以下では変数名として $X, Y, Z, \ldots$ を用いる（したがって，X は，メタ変数と変数

の両方に重複して用いる）．また，整数の集合を **Num**，変数の集合を **Var** とする．

　プログラムの厳密な意味は次章以降で定義するが，以下では直感的な定義を述べる．算術式とブール式の直感的意味は明らかであろう．プログラム **skip** は何もしない（で次の命令に進む）．代入文 $X := a$ は，変数 X に算術式 a の値を格納する（それまでに X に格納されていた値は破棄される）．逐次実行 $c_0; c_1$ は，まず c_0 を実行し，その後 c_1 を実行する．条件文 **if** b **then** c_0 **else** c_1 は，ブール式 b の値が真（**true**）ならば c_0 を実行し，偽（**false**）なら c_1 を実行する．繰り返し文 **while** b **do** c は，ブール式 b の値が偽ならば何もしない．真ならば c を実行し，その後再び **while** b **do** c を実行する．

　以下では，算術式，ブール式，プログラムの集合をそれぞれ **Aexp**，**Bexp**，**Prog** と書く．

演習問題 2.5　以下のプログラムの構文解析木を書け．

$$\text{while } Y \le 5 \text{ do } Y := Y + 1$$

2.6　帰納的定義

　前節で BNF を用いて定義したプログラムの集合は，無限集合である（集合の要素である各々のプログラムは，有限長の文字列であるが，プログラムの数は無限にあることに注意）．無限集合を定義する際に頻繁に用いられる定義の仕方として **帰納的定義**（inductive definition）があり，実は BNF による定義は，帰納的定義の一種と考えることができる．帰納的定義は，次章以降のプログラム意味論の議論においても頻繁に用いられる．そこで本節では，集合の帰納的定義と，それに付随する帰納法による証明原理について解説する．

　S を集合とし，$F \in 2^S \to 2^S$ を S の冪集合からそれ自身への **単調関数** とする．ただし，一般に，半順序集合 $(S_1, \le_1)$ から半順序集合 $(S_2, \le_2)$ への関数 f が単調であるとは，$\forall x, y \in S_1.(x \le_1 y \Rightarrow f(x) \le_2 f(y))$ が成り立つことを言う．ここでは，2^S 上の半順序関係として，集合の包含関係 $\subseteq$ を考える．つまり，$F \in 2^S \to 2^S$ が単調であるとは，$\forall x, y \in 2^S.(x \subseteq y \Rightarrow F(x) \subseteq F(y))$ が成り立つことを言う．

単調関数 $F\,(\in 2^S \to 2^S)$ によって**帰納的に定義される集合**とは，以下によって定義される集合 S_0 のことである．

$$S_0 \stackrel{\triangle}{=} \bigcap\{X \in 2^S \mid F(X) \subseteq X\}$$

S_0 は，S の部分集合のうち，$F(X) \subseteq X$ を満たす集合 X すべての共通集合である．

例 2.3　S を自然数全体の集合 **Nat**，$F \in 2^{\mathbf{Nat}} \to 2^{\mathbf{Nat}}$ を以下に定義する関数とする．

$$F(X) = \{0\} \cup \{x + 2 \mid x \in X\}$$

条件 $F(X) \subseteq X$ を満たす集合 X は，以下のいずれかである．

- 偶数全体の集合 $\{2n \mid n \in \mathbf{Nat}\}$
- ある k について $\{2n \mid n \in \mathbf{Nat}\} \cup \{2n + 1 \mid n \geq k\}$

$S_0 = \bigcap\{X \in 2^S \mid F(X) \subseteq X\}$ はそれらの集合の共通集合なので，偶数全体の集合である．■

次の定理によって保証されるように，S_0 は，$F(X) \subseteq X$ を満たす集合の中で（集合の包含関係 $\subseteq$ に関して）**最小の集合**である．

定理 2.1　S を集合とし，$F \in 2^S \to 2^S$ を単調関数とする．$S_0 = \bigcap\{X \in 2^S \mid F(X) \subseteq X\}$ は，以下の条件を満たす．

(1)　$F(S_0) \subseteq S_0$

(2)　$\forall X \in 2^S.(F(X) \subseteq X \Rightarrow S_0 \subseteq X)$

(3)　$F(S_0) = S_0$

証　明

2 番目の条件は，S_0 の定義から自明である．1 番目を示すために，まず x が $F(S_0)$ の要素であると仮定し，$X\,(\in 2^S)$ を $F(X) \subseteq X$ を満たす任意の集合とする．F の単調性と $S_0 \subseteq X$ より，$F(S_0) \subseteq F(X)$ が成り立つ．これと X の性質より，$x \in F(S_0) \subseteq F(X) \subseteq X$ が成り立つ．X は任意なので，$x \in \bigcap\{X \in 2^S \mid F(X) \subseteq X\} = S_0$ が成り立つ．

3 番目の条件を示すには，さらに $S_0 \subseteq F(S_0)$ を示せばよい．そのためには，2 番目の条件より，$F(F(S_0)) \subseteq F(S_0)$ が成り立つことを示せばよいが，これ

は，1 番目の条件と F の単調性から導かれる．■

算術式の BNF による定義は，次のようにして帰納的定義の一種とみなすことができる．

　S: 英数字，$+$，$\times$ からなる文字列の集合[2]
　F: 以下によって定義される関数 $F_{\mathbf{Aexp}}$

$$F_{\mathbf{Aexp}}(X) \quad = \quad \mathbf{Num} \cup \mathbf{Var} \cup$$
$$\{a_0 + a_1 \mid a_0, a_1 \in X\} \cup \{a_0 \times a_1 \mid a_0, a_1 \in X\}$$

演習問題 2.6　ブール式の集合およびプログラムの集合を帰納的に定義するには，それぞれ F としてどのような関数を選べばよいか答えよ．

証明手法としての帰納法

定理 2.1 より，単調関数 $F \in 2^S \to 2^S$ によって帰納的に定義された集合 S_0 と別の集合 S_1 について $S_0 \subseteq S_1$ が成り立つためには，$F(S_1) \subseteq S_1$ が成り立つことが十分である（ただし必要条件ではないことに注意）．このような証明法を一般に**帰納法**と呼ぶ．

頻繁に用いるのは，証明したい性質が $\forall x \in S_0.P(x)$（すなわち，「S_0 の任意の要素 x について $P(x)$ が成り立つ」）の場合である．S_1 を $\{x \in S_0 \mid P(x)\}$ とおけば，$\forall x \in S_0.P(x)$ は $S_0 \subseteq S_1$ と同値である．したがって，$\forall x \in S_0.P(x)$ が成り立つことを示すためには，$F(S_1) \subseteq S_1$，すなわち

$$\forall x \in F(\{x \in S_0 \mid P(x)\}).P(x)$$

を示せばよいことがわかる．また，逆に，$\forall x \in S_0.P(x)$ が成り立てば，$S_0 = S_1$ なので，定理 2.1 より $F(S_1) \subseteq S_1$ が成り立つので，$F(S_1) \subseteq S_1$ は $\forall x \in S_0.P(x)$ の必要十分条件であることがわかる．

上の条件を，算術式の集合 **Aexp** の定義のための関数 $F_{\mathbf{Aexp}}$ にあてはめてみよう．この場合，$x \in F_{\mathbf{Aexp}}(\{x \in \mathbf{Aexp} \mid P(x)\})$ が成り立つための必要十分条件は，

---

[2]ただし，抽象構文を考える場合には，「見えない括弧」の入った文字列の集合と考えるか，抽象構文木に相当する木の集合と考える方が適切である．

(1)　$x \in \mathbf{Num}$

(2)　$x \in \mathbf{Var}$

(3)　ある $a_0, a_1 \in \mathbf{Aexp}$ について，$P(a_0) \wedge P(a_1)$ かつ $x = a_0 + a_1$

(4)　ある $a_0, a_1 \in \mathbf{Aexp}$ について，$P(a_0) \wedge P(a_1)$ かつ $x = a_0 \times a_1$

のいずれかが成り立つことである．したがって，$\forall x \in \mathbf{Aexp}.P(x)$ が成り立つ
ための必要十分条件は，以下のすべての条件が成り立つことである．

(1)　$\forall x \in \mathbf{Num}.P(x)$

(2)　$\forall x \in \mathbf{Var}.P(x)$

(3)　$\forall a_1, a_1 \in \mathbf{Aexp}.(P(a_0) \wedge P(a_1) \Rightarrow P(a_0 + a_1))$

(4)　$\forall a_1, a_1 \in \mathbf{Aexp}.(P(a_0) \wedge P(a_1) \Rightarrow P(a_0 \times a_1))$

これらの条件は，

- すべての算術式 x について $P(x)$ が成り立つことを示すためには，x の形
  について場合分けをし，いずれの場合にも $P(x)$ が成り立つことを示せば
  よく，
- その際に x が $a_0 + a_1$ や $a_0 \times a_1$ の形の場合には，部分式 a_0, a_1 につい
  て P が成り立つと仮定してもよい，

ということを表す．

　上の証明法は次の定理に述べるように，算術式以外の構文定義にも適用で
きる．

> **定理 2.2**　集合 S_0 を以下の BNF によって定義する．
>
> $$d ::= f_1(d_1, \ldots, d_{k_1}) \mid \cdots \mid f_m(d_1, \ldots, d_{k_m})$$
>
> $\forall d \in S_0.P(d)$ が成り立つための必要十分条件は，任意の i について以下が
> 成り立つことである．
>
> $$\forall d_1, \ldots, d_{k_i} \in S_0.(P(d_1) \wedge \cdots \wedge P(d_{k_i}) \Rightarrow P(f_i(d_1, \ldots, d_{k_i})))$$

上の定理で，$f_i(d_1, \ldots, d_{k_i})$ は，$d_1, \ldots, d_{k_i}$ から構成される要素を表す．例
えば，算術式は，f_1, f_2 はそれぞれ整数および変数（ただし $k_1 = k_2 = 0$），
$f_3(d_1, d_2) = d_1 + d_2$, $f_4(d_1, d_2) = d_1 \times d_2$ という特殊な場合と考えることが
できる．上記定理に基づく証明手法を，**構造的帰納法**（structural induction）

と呼ぶ.

例 2.4　自然数（を表す文字列）の集合 **Nat** を

$$m ::= 0 \mid \mathrm{succ}(m)$$

によって定義する. ここで, $\mathrm{succ}(m)$ は, m の次の自然数を表す. 定理 2.2 より, $\forall m \in \mathbf{Nat}.P(m)$ を証明するためには以下の 2 つの条件を示せばよい.

(1)　$P(0)$

(2)　$\forall m \in \mathbf{Nat}.(P(m) \Rightarrow P(\mathrm{succ}(m)))$

これは, 数学的帰納法の原理に相当する. ■

演習問題 2.7　2 分木（を表す文字列）の集合 **BTree** を

$$t ::= \mathrm{Leaf} \mid \mathrm{Node}(t, t)$$

によって定義する. $\forall t \in \mathbf{BTree}.P(t)$ を証明するための帰納法の原理を導け. また, それを用いて 2 分木に現れる Node の数は Leaf の数より必ず 1 小さいことを証明せよ.

演習問題 2.8　文字 a, b からなる文字列の集合 S_{ab} を以下の BNF によって帰納的に定義する.

$$s ::= \mathrm{a} \mid \mathrm{b} \mid \mathrm{a}s \mid \mathrm{b}s$$

集合 S_{ab} には a, b からなる無限列は含まれるか?

=== **コラム：余帰納法による定義と証明** ===

帰納法の定義に従えば, 演習問題 2.8 の S_{ab} には, a, b からなる無限列は含まれない. では, 無限列も含まれるように定義するにはどうしたらよいだろうか? 「a, b からなる長さ 1 以上の有限列および無限列全体からなる集合」を S_{ab}^{inf} とすると, S_{ab}^{inf} は, 以下の条件のいずれかを満たす x からなる集合である.

(1)　$x = \mathrm{a}$

(2)　$x = \mathrm{b}$

(3)　$\exists s \in S_{ab}^{inf}.x = \mathrm{a}s$

(4)　$\exists s \in S_{ab}^{inf}.x = \mathrm{b}s$

ここで, 条件 (3), (4) は S_{ab}^{inf} を循環参照しているので, これだけでは S_{ab}^{inf} の定義にはなっていない. 例えば, S_{ab}^{inf} を「a, b からなる長さ 1 以上の有限列全体からなる集合」としても「a, b からなる長さ 1 以上の有限列および無限列全体からなる集合」と

しても，さらに「空集合」としても上の条件，すなわち

$$\forall x \in S_{ab}^{inf}.((x = \text{a}) \vee (x = \text{b}) \vee (\exists s \in S_{ab}^{inf}.x = \text{a}s) \vee (\exists s \in S_{ab}^{inf}.x = \text{b}s))$$

は満たされる．帰納的定義では条件を満たす最小の集合として集合を一意に定めた
が，この場合にはそのようにすると空集合になってしまう．そこで，S_{ab}^{inf} を上の条件
を満たす**最大の集合**としてみよう．すると，「a, b からなる長さ 1 以上の有限列およ
び無限列全体からなる集合」は上の条件を満たすことから，S_{ab}^{inf} には a, b からなる
無限列も含まれることがわかる．また，S_{ab}^{inf} に空列や，a, b 以外の文字，例えば c を
含む文字列を加えると条件が成り立たないことから，余分な文字列も含まれていない
ようだ．

　上のように，ある条件を満たす**最大の集合**として集合を定義する方法を一般に**余帰
納的定義**（co-inductive definition）と呼ぶ．より厳密には，単調関数 $F \, (\in 2^S \to 2^S)$
によって**余帰納的に定義される集合**とは，以下によって定義される集合 S_1 のことで
ある．

$$S_1 \triangleq \bigcup \{X \in 2^S \mid F(X) \supseteq X\}$$

ここで，帰納法の場合と比べ，$\bigcap$ が $\bigcup$ に，$\subseteq$ が $\supseteq$ に置き換わっていることに注意し
てほしい．S_1 が実際に $F(X) = X$ を満たす最大の X であることは定理 2.1 と同様
に証明できる．

　S_{ab}^{inf} の場合には，F として以下の関数を考えればよい．

$$F(X) = \{\text{a}, \text{b}\} \cup \{\text{a}s \mid s \in X\} \cup \{\text{b}s \mid s \in X\}$$

　一般に，集合 S_0 を BNF：

$$d ::= f_1(d_1, \ldots, d_{k_1}) \mid \cdots \mid f_m(d_1, \ldots, d_{k_m})$$

によって**余帰納的に定義する**と言う場合には，

$$\begin{aligned} F(X) \quad = \quad &\{f_1(x_1, \ldots, x_{k_1}) \mid x_1, \ldots, x_{k_1} \in X\} \cup \cdots \cup \\ &\{f_m(x_1, \ldots, x_{k_m}) \mid x_1, \ldots, x_{k_m} \in X\} \end{aligned}$$

によって定義される単調関数 F によって余帰納的に定義される集合を表す．例えば，

$$s ::= \text{a}s \mid \text{b}s$$

によって**余帰納的に定義される集合**は，「a, b からなる**無限列**全体からなる集合」で
ある．ちなみに，同じ BNF を用いて**帰納的に定義される集合**は空集合である．

　帰納的に定義された集合については，それに付随する証明法があり，数学的帰納法
や構造的帰納法はその特殊なケースとみなすことができた．では余帰納的定義につい

てもそれに付随する証明法があるのだろうか？　答えは Yes であり，以下が余帰納法の証明原理である．

「$S_1\,(\in 2^S)$ を単調関数 $F\,(\in 2^S \to 2^S)$ によって余帰納的に定義された集合とする．すると，以下が成り立つ．

$$\forall X \in 2^S.F(X) \supseteq X \Rightarrow X \subseteq S_1 \quad \rfloor$$

証明する性質（$X \subseteq S_1$）が帰納法を用いて証明する性質 $\forall x \in S_1.P(x)$ とは形が異なるので慣れないと少し戸惑うかもしれないが，便利な証明法である．例えば，S_{ab}^{inf} に a のみからなる無限列 a^ω が属することを示すために，$X = \{a^\omega\}$ とおこう．すると，$F(X) = \{a, b, aa^\omega, ba^\omega\} = \{a, b, a^\omega, ba^\omega\} \supseteq X$ が成り立つ．したがって，上の余帰納法の原理から $X \subseteq S_{ab}^{inf}$ が成り立つこと，すなわち a^ω が S_{ab}^{inf} に属することがわかる．

第3章 操作的意味論

　プログラムの動作について数学的に厳密な議論を行うためには，プログラムの意味が明確に定義されていなければならない．また，プログラムの意味が定まっていることは，言語処理系の実装者とプログラマとの間での誤解を避けるためにも重要である．プログラムの意味を定義する代表的な流儀として，**操作的意味論**，**表示的意味論**，**公理的意味論**がある．操作的意味論は，プログラムが実際にどのような順序で評価されるべきかを定める意味論であり，表示的意味論は，プログラムを数学的な関数としてとらえて意味を与える．公理的意味論は，プログラムが満たすべき性質を公理の形で与える意味論である．本章では，3つの意味論のうち，現在実践的に最もよく用いられる意味論である操作的意味論について解説する．操作的意味論の中にも様々な流儀があるが，以下では **small step semantics** と呼ばれる流儀を用いる．

　プログラムの評価をどのように数学的に定義すればよいかを考える上で，まず例として，$2 \times 3 + 1$ という算術式を考えよう．この式を評価するには，まず 2×3 を計算して 6 を得て，$6 + 1$ を計算して 7 が得られる．この評価のプロセスは，以下のような**簡約列**（簡約すなわち式の計算を表す書き換えの列）で表すことができる．

$$\underline{2 \times 3} + 1 \longrightarrow \underline{6 + 1} \longrightarrow 7$$

ここで，下線を引いたのが実際に簡約が行われる部分である．

　一般には算術式には変数も含まれるので，式を評価するためには，変数の値も必要である．そこで，変数の集合 **Var** からその値（ここでは整数）の集合 **Num** への部分関数を考え，これを**状態**と呼ぶことにする．以下では，部分関数 $\{(X_1, n_1), \ldots, (X_k, n_k)\}$ を $\{X_1 \mapsto n_1, \ldots, X_k \mapsto n_k\}$ のように表記することとする．また，一般に部分関数 f に対し，$g(x_i) = v_i$ $(i = 1, \ldots, n)$ かつ，任意の $y \notin \{x_1, \ldots, x_n\}$ について $g(y) = f(y)$ なる部分関数 g を

$f\{x_1 \mapsto v_1, \ldots, x_n \mapsto v_n\}$ のように書くこととする.

算術式 $X \times 3 + Y$ の状態 $\sigma = \{X \mapsto 2, Y \mapsto 1\}$ における評価プロセスは,以下のような簡約列で表すことができる.

$$(\underline{X} \times 3 + Y, \sigma) \longrightarrow (\underline{2 \times 3} + Y, \sigma) \longrightarrow (6 + \underline{Y}, \sigma) \longrightarrow (\underline{6 + 1}, \sigma) \longrightarrow (7, \sigma)$$

最初のステップでは変数 X をその値 2 で置き換え,2 番目のステップでは 2×3 をその値 6 で置き換え,3 番目のステップでは変数 Y をその値 1 で置き換えている.

上の例から,算術式の評価手順を定義するためには,1 ステップの簡約 $(a, \sigma) \longrightarrow (a', \sigma')$ を数学的な 4 項関係[1]として定義すればよいことがわかる.同様に,ブール式やプログラムについても,4 項関係 $(b, \sigma) \longrightarrow (b', \sigma')$ や $(c, \sigma) \longrightarrow (c', \sigma')$ を数学的に定義すればよい.以下では,まず算術式からはじめて,ブール式,プログラムの簡約関係を具体的に定義していく.

3.1　算術式の評価規則

算術式の評価は,「2×3 を 6 で置き換える」,「$6 + 1$ を 7 で置き換える」といった基本算術と,「変数 X をその値 $\sigma(X)$ で置き換える」という変数参照からなる.算術式の操作的意味論を定義するためには,このような基本評価ステップとともに,算術式のどの部分にそのような操作を施してよいかを定めてやればよい.評価の対象となる部分を定めるために,以下では**評価文脈**という概念を導入する.

算術式の評価文脈は,算術式の一カ所に穴が空いたものであり,以下の BNF によって定義する.

$$E_{\mathcal{A}} ::= [] \mid E_{\mathcal{A}} + a \mid n + E_{\mathcal{A}} \mid E_{\mathcal{A}} \times a \mid n \times E_{\mathcal{A}}$$

ここで,$[]$ を**穴**と呼び,直感的には,算術式中の評価の対象となる場所を表す.メタ変数 a は算術式を表す.$E_{\mathcal{A}}$ 中の穴を a で置き換え得られる算術式を $E_{\mathcal{A}}[a]$ で表すことにする.例えば,$E_{\mathcal{A}} = [] + 1$,$a = 2 \times 3$ であれば,$E_{\mathcal{A}}[a] = (2 \times 3) + 1$ である.

---

[1] 上の例から推測されるとおり,算術式の簡約では $\sigma = \sigma'$ が常に成り立つので a,a',σ の間の 3 項関係ととらえてもよい.

算術式のうち，評価の対象となる部分，つまり 2×3，$6 + 1$，X などの式をインストラクションと呼び，メタ変数 I_A で表すことにする．具体的には，

$$I_A ::= X \mid n_1 + n_2 \mid n_1 \times n_2$$

と定義する．ここで，n_1，n_2 は **Num** の要素を表すメタ変数である．

整数以外の任意の算術式 a は，$E_A[I_A]$ の形に分解することができる．例えば，$X \times 3 + Y$ は，$E_A = [\,] \times 3 + Y$，$I_A = X$ と分解でき，$2 \times 3 + Y$ は，$E_A = [\,] + Y$，$I_A = 2 \times 3$ と分解できる．以上のような評価文脈とインストラクションを用いることにより，簡約関係 $(a, \sigma) \longrightarrow (a', \sigma')$ を以下の3つの規則によって定義することができる．（すなわち，$(a, \sigma) \longrightarrow (a', \sigma')$ を，以下の3つの規則を満たす最小の4項関係として定義する．）

$$(E_A[X], \sigma) \longrightarrow (E_A[\sigma(X)], \sigma) \qquad \text{(A-VAR)}$$

$$(E_A[n_1 + n_2], \sigma) \longrightarrow (E_A[n], \sigma) \quad (n \text{ は } n_1 \text{ と } n_2 \text{ の和}) \quad \text{(A-PLUS)}$$

$$(E_A[n_1 \times n_2], \sigma) \longrightarrow (E_A[n], \sigma) \quad (n \text{ は } n_1 \text{ と } n_2 \text{ の積}) \quad \text{(A-MULT)}$$

上の規則で，メタ変数 E_A，X，σ，n などは，各集合上の任意の要素を表す．例えば，最初の規則は，「すべての評価文脈 E_A，すべての変数 X，すべての状態 σ について，関係 $(E_A[X], \sigma) \longrightarrow (E_A[\sigma(X)], \sigma)$ が成り立つ」という意味である．

上記の規則に基づいて，前述の $X \times 3 + Y$ の簡約列：

$$(\underline{X} \times 3 + Y, \sigma) \longrightarrow (\underline{2 \times 3} + Y, \sigma) \longrightarrow (6 + \underline{Y}, \sigma) \longrightarrow (\underline{6 + 1}, \sigma) \longrightarrow (7, \sigma)$$

を得ることができる．下線はインストラクションの部分であり，それ以外の部分が評価文脈に相当する．

なお，評価文脈の定義において，＋ の右側に穴が現れる場合の構文は $a + E_A$ ではなく，$n + E_A$ となっていること，すなわち ＋ の左側は整数に制限されていることに注意されたい．この制限により，算術式の評価が左から右に順に行われなければならないことを表している（下の演習問題 3.5 を参照）．

演習問題 3.1 以下の算術式を，それぞれ評価文脈とインストラクションに分解せよ.

(1) $2 + 3$
(2) $2 + X$
(3) $(2 + 3) \times X$
(4) $(2 + X) \times Y$

演習問題 3.2 評価規則に従い，$(2 + X) \times Y$ を状態 $\sigma = \{X \mapsto 2, Y \mapsto 1\}$ で評価したときの簡約列を書け. なお，各ステップでインストラクションに相当する部分に下線を引くこと.

演習問題 3.3 整数以外の任意の算術式 a について，$a = E_A[I_A]$ を満たす評価文脈 E_A とインストラクション I_A がただ一つ存在することを示せ. (ヒント：2.6 節で解説した算術式の構造に関する帰納法を用いよ.)

演習問題 3.4 算術式の簡約が一意であること，すなわち $(a, \sigma) \longrightarrow (a_1, \sigma_1)$ かつ $(a, \sigma) \longrightarrow (a_2, \sigma_2)$ ならば $a_1 = a_2$ かつ $\sigma_1 = \sigma_2$ が成り立つことを示せ. (ヒント：上記演習問題 3.3 の結果を用いよ.)

演習問題 3.5 上の定義では，$(3 \times 2) + (2 \times 1)$ のような式が与えられた際，左から順に（すなわち 3×2，2×1 の順に）評価される. 評価文脈の定義を変更し，右からでも左からでも評価できるようにせよ.

3.2 ブール式の評価規則

算術式の場合にならい，ブール式の評価文脈とインストラクションを以下のように定義する.

$$E_\mathcal{B} \text{（評価文脈）} \quad ::= \quad [\,] \mid \mathbf{not}(E_\mathcal{B}) \mid E_\mathcal{B} \text{ and } b \mid t \text{ and } E_\mathcal{B}$$
$$I_\mathcal{B} \text{（インストラクション）} \quad ::= \quad a_0 \leq a_1 \mid \mathbf{not}(t) \mid t_1 \text{ and } t_2$$

ここで t は，**true** または **false** を表すメタ変数とする. 以下では，どの種類の式に関する評価文脈やインストラクションであるかが自明な場合には，評価文脈やインストラクションの添字 $\mathcal{A}$ や $\mathcal{B}$ を省略し，単に E, I と記すことにする.

上の評価文脈とインストラクションを用い，ブール式の評価関係 $(b, \sigma) \longrightarrow (b', \sigma')$ を以下の規則によって定義する.

$$t = \begin{cases} \textbf{true} & n_1 \le n_2 \text{ のとき} \\ \textbf{false} & n_1 > n_2 \text{ のとき} \end{cases}$$
$$\overline{(E_{\mathcal{B}}[n_1 \le n_2], \sigma) \longrightarrow (E_{\mathcal{B}}[t], \sigma)} \quad \text{(B-Leq)}$$

$$\frac{(a_1, \sigma) \longrightarrow (a_1', \sigma')}{(E_{\mathcal{B}}[a_1 \le a_2], \sigma) \longrightarrow (E_{\mathcal{B}}[a_1' \le a_2], \sigma')} \quad \text{(B-LeqL)}$$

$$\frac{(a_2, \sigma) \longrightarrow (a_2', \sigma')}{(E_{\mathcal{B}}[n_1 \le a_2], \sigma) \longrightarrow (E_{\mathcal{B}}[n_1 \le a_2'], \sigma')} \quad \text{(B-LeqR)}$$

$$(E_{\mathcal{B}}[\textbf{not}(\textbf{true})], \sigma) \longrightarrow (E_{\mathcal{B}}[\textbf{false}], \sigma) \quad \text{(B-NotT)}$$

$$(E_{\mathcal{B}}[\textbf{not}(\textbf{false})], \sigma) \longrightarrow (E_{\mathcal{B}}[\textbf{true}], \sigma) \quad \text{(B-NotF)}$$

$$t = \begin{cases} \textbf{true} & t_1 = t_2 = \textbf{true} \text{ のとき} \\ \textbf{false} & \text{その他の場合} \end{cases}$$
$$\overline{(E_{\mathcal{B}}[t_1 \textbf{ and } t_2], \sigma) \longrightarrow (E_{\mathcal{B}}[t], \sigma)} \quad \text{(B-And)}$$

ここで,

$$\frac{A_1 \quad \cdots \quad A_n}{B}$$

の形の規則は,「仮定 $A_1, \ldots, A_n$ が成り立てば B が成り立つ」ことを表す. このような形の規則を一般に, **推論規則**と呼ぶ. なお, 推論規則中に登場する メタ変数は, そのメタ変数がとりうる任意の要素を表すものとする. 例えば, B-LeqL は, 以下の論理式と同じ内容, すなわち「$(a_1, \sigma) \longrightarrow (a_1', \sigma')$ が成り 立つならば, $(E_{\mathcal{B}}[a_1 \le a_2], \sigma) \longrightarrow (E_{\mathcal{B}}[a_1' \le a_2], \sigma')$ が成り立つ」ことを表す (**Bcxt** はブール式の評価文脈の集合を表すものとする).

$$\forall a_1, a_1', a_2 \in \textbf{Aexp}. \forall \sigma, \sigma' \in \textbf{Var} \rightharpoonup \textbf{Num}. \forall E_{\mathcal{B}} \in \textbf{Bcxt}.$$
$$(((a_1, \sigma) \longrightarrow (a_1', \sigma')) \Rightarrow ((E_{\mathcal{B}}[a_1 \le a_2], \sigma) \longrightarrow (E_{\mathcal{B}}[a_1' \le a_2], \sigma')))$$

$(X \leq 2)$ and $(2 \leq Y)$ を $\sigma = \{X \mapsto 2, Y \mapsto 1\}$ のもとで評価する場合の簡約列を以下に示す（算術式の場合と同様，インストラクションを下線で表す）．

$$
\begin{aligned}
((\underline{X \leq 2}) \text{ and } (2 \leq Y), \sigma) &\longrightarrow ((\underline{2 \leq 2}) \text{ and } (2 \leq Y), \sigma) \\
&\longrightarrow (\text{true and } (\underline{2 \leq Y}), \sigma) \\
&\longrightarrow (\text{true and } (\underline{2 \leq 1}), \sigma) \\
&\longrightarrow (\underline{\text{true and false}}, \sigma) \\
&\longrightarrow (\text{false}, \sigma)
\end{aligned}
$$

演習問題 3.6 ブール式 $(\text{not}(X \leq 1))$ and $(Y \leq 1)$ を評価文脈とインストラクションに分解せよ．

演習問題 3.7 true, false 以外の任意のブール式 b について，$b = E_{\mathcal{B}}[I_{\mathcal{B}}]$ を満たす評価文脈 $E_{\mathcal{B}}$ とインストラクション $I_{\mathcal{B}}$ が唯一存在することを示せ．

演習問題 3.8 上記の意味論では，false and b のように，値が false になるとわかっている場合にも b の評価を行ってしまう．(false and $b, \sigma) \longrightarrow (\text{false}, \sigma)$ と 1 ステップで簡約されるように，文脈とインストラクションの定義，評価規則を変更せよ．

3.3 プログラムの評価規則

次にプログラムの評価を定義する．文脈とインストラクションを以下のように定義する．

$$
\begin{aligned}
E_{\mathcal{C}} &::= \quad [\,] \mid E_{\mathcal{C}}; c \\
I_{\mathcal{C}} &::= \quad \text{skip}; c \mid X := a \mid \text{if } b \text{ then } c_0 \text{ else } c_1 \mid \text{while } b \text{ do } c
\end{aligned}
$$

評価関係 $(c, \sigma) \longrightarrow (c', \sigma')$ は以下の規則群によって与えられる．

$$
(E_{\mathcal{C}}[\text{skip}; c], \sigma) \longrightarrow (E_{\mathcal{C}}[c], \sigma) \tag{C-Skip}
$$

$$
(E_{\mathcal{C}}[X := n], \sigma) \longrightarrow (E_{\mathcal{C}}[\text{skip}], \sigma\{X \mapsto n\}) \tag{C-AssignN}
$$

$$
\frac{(a, \sigma) \longrightarrow (a', \sigma')}{(E_{\mathcal{C}}[X := a], \sigma) \longrightarrow (E_{\mathcal{C}}[X := a'], \sigma')} \tag{C-AssignA}
$$

$$
(E_{\mathcal{C}}[\text{if true then } c_0 \text{ else } c_1], \sigma) \longrightarrow (E_{\mathcal{C}}[c_0], \sigma) \tag{C-IfT}
$$

$$(E_{\mathcal{C}}[\textbf{if false then } c_0 \textbf{ else } c_1], \sigma) \longrightarrow (E_{\mathcal{C}}[c_1], \sigma) \qquad \text{(C-IFF)}$$

$$\frac{(b, \sigma) \longrightarrow (b', \sigma')}{(E_{\mathcal{C}}[\textbf{if } b \textbf{ then } c_0 \textbf{ else } c_1], \sigma) \longrightarrow (E_{\mathcal{C}}[\textbf{if } b' \textbf{ then } c_0 \textbf{ else } c_1], \sigma')} \qquad \text{(C-IFB)}$$

$$(E_{\mathcal{C}}[\textbf{while } b \textbf{ do } c], \sigma) \longrightarrow (E_{\mathcal{C}}[\textbf{if } b \textbf{ then } (c; \textbf{while } b \textbf{ do } c) \textbf{ else skip}], \sigma) \qquad \text{(C-WH)}$$

規則 C-SKIP は，**skip** 文は何もしないで次の文を実行することを表す．規則 C-ASSIGNN と C-ASSIGNA は，代入文 $X := a$ を評価するには，まず a が整数値 n になるまで評価し，状態中の X の値を n で置き換えることを表す．同様に，C-IFT，C-IFF，C-IFB は，if 文を評価する際には，まず条件部 b を評価し，その値が **true** か **false** かによって c_0 または c_1 を評価することを表す．最後の規則は，while 文は if 文に展開される（その結果，まず条件部 b が評価される）ことを表す．

例 3.1 プログラム c を以下によって定義する（本書全体を通じ，$\overset{\triangle}{=}$ は定義を表す等号とする）．

$$c \overset{\triangle}{=} \textbf{while } 1 \le X \textbf{ do } (S := S + X; X := X - 1)$$

プログラム c を状態 $\sigma = \{X \mapsto 2, S \mapsto 0\}$ で評価するときの簡約列は図 **3.1** のようになる．■

演習問題 3.9 下記のプログラムを評価文脈とインストラクションに分解せよ．

$$S := 0; \textbf{while } 1 \le X \textbf{ do } (S := S + X; X := X - 1)$$

演習問題 3.10 EUCLID を以下のプログラムとする（ブール式 $X = Y$ の評価規則は定義されているものとせよ）．

$$\textbf{while not}(X = Y) \textbf{ do}$$
$$\qquad \textbf{if } X \le Y \textbf{ then } Y := Y - X \textbf{ else } X := X - Y$$

EUCLID を状態 $\sigma = \{X \mapsto 4, Y \mapsto 6\}$ のもとで評価したときの簡約列を書け．

$(\underline{c}, \sigma)$

$\longrightarrow$　(**if** $1 \le X$ **then** $((S := S + X; X := X - 1); c)$ **else skip**, σ)

$\longrightarrow$　(**if** $\underline{1 \le 2}$ **then** $((S := S + X; X := X - 1); c)$ **else skip**, σ)

$\longrightarrow$　(**if** **true** **then** $((\underline{S := S + X}; X := X - 1); c)$ **else skip**, σ)

$\longrightarrow$　$((\underline{S := S + X}; X := X - 1); c, \sigma)$

$\longrightarrow$　$((\underline{S := 0 + X}; X := X - 1); c, \sigma)$

$\longrightarrow$　$((\underline{S := 0 + 2}; X := X - 1); c, \sigma)$

$\longrightarrow$　$((\underline{S := 2}; X := X - 1); c, \sigma)$

$\longrightarrow$　$((\mathbf{skip}; X := X - 1); c, \{X \mapsto 2, S \mapsto 2\})$

$\longrightarrow$　$(\underline{X := X - 1}; c, \{X \mapsto 2, S \mapsto 2\})$

$\longrightarrow$　$(\underline{X := 2 - 1}; c, \{X \mapsto 2, S \mapsto 2\})$

$\longrightarrow$　$(\underline{X := 1}; c, \{X \mapsto 2, S \mapsto 2\})$

$\longrightarrow$　$(\mathbf{skip}; c, \{X \mapsto 1, S \mapsto 2\})$

$\longrightarrow$　$(\underline{c}, \{X \mapsto 1, S \mapsto 2\})$

$\longrightarrow$　(**if** $1 \le X$ **then** $((S := S + X; X := X - 1); c)$ **else skip**, $\{X \mapsto 1, S \mapsto 2\}$)

$\longrightarrow$　(**if** $\underline{1 \le 1}$ **then** $((S := S + X; X := X - 1); c)$ **else skip**, $\{X \mapsto 1, S \mapsto 2\}$)

$\longrightarrow$　(**if** **true** **then** $((\underline{S := S + X}; X := X - 1); c)$ **else skip**, $\{X \mapsto 1, S \mapsto 2\}$)

$\longrightarrow$　$((\underline{S := S + X}; X := X - 1); c, \{X \mapsto 1, S \mapsto 2\})$

$\longrightarrow$　$((\underline{S := 2 + X}; X := X - 1); c, \{X \mapsto 1, S \mapsto 2\})$

$\longrightarrow$　$((\underline{S := 2 + 1}; X := X - 1); c, \{X \mapsto 1, S \mapsto 2\})$

$\longrightarrow$　$((\underline{S := 3}; X := X - 1); c, \{X \mapsto 1, S \mapsto 2\})$

$\longrightarrow$　$((\mathbf{skip}; X := X - 1); c, \{X \mapsto 1, S \mapsto 3\})$

$\longrightarrow$　$(\underline{X := X - 1}; c, \{X \mapsto 1, S \mapsto 3\})$

$\longrightarrow$　$(\underline{X := 1 - 1}; c, \{X \mapsto 1, S \mapsto 3\})$

$\longrightarrow$　$(\underline{X := 0}; c, \{X \mapsto 1, S \mapsto 3\})$

$\longrightarrow$　$(\mathbf{skip}; c, \{X \mapsto 0, S \mapsto 3\})$

$\longrightarrow$　$(\underline{c}, \{X \mapsto 0, S \mapsto 3\})$

$\longrightarrow$　(**if** $1 \le X$ **then** $((S := S + X; X := X - 1); c)$ **else skip**, $\{X \mapsto 0, S \mapsto 3\}$)

$\longrightarrow$　(**if** $\underline{1 \le 0}$ **then** $((S := S + X; X := X - 1); c)$ **else skip**, $\{X \mapsto 0, S \mapsto 3\}$)

$\longrightarrow$　(**if** **false** **then** $((S := S + X; X := X - 1); c)$ **else skip**, $\{X \mapsto 0, S \mapsto 3\}$)

$\longrightarrow$　$(\mathbf{skip}, \{X \mapsto 0, S \mapsto 3\})$

図 3.1　プログラムの簡約例

演習問題 3.11 **skip** 以外の任意のプログラム c について，$c = E_c[I_c]$ を満たす評価文脈 E_c とインストラクション I_c が一意に存在することを示せ．

演習問題 3.12 プログラムの簡約が一意であること，すなわち $(c, \sigma) \longrightarrow (c_1, \sigma_1)$ かつ $(c, \sigma) \longrightarrow (c_2, \sigma_2)$ ならば $c_1 = c_2$ かつ $\sigma_1 = \sigma_2$ が成り立つことを示せ．ただし，算術式およびブール式の簡約が一意であることを用いてよい．（ヒント：上記演習問題 3.11 の結果を用いよ．）

第4章 プログラムの性質に関する推論

　3章のようにプログラムの意味を数学的に定義することの目的の一つは，プログラムの仕様や振る舞いについて数学的に厳密に議論できるようにすることである．本章では，3章で用いた意味論に基づき，実際にプログラムの仕様を論理式を用いて記述し，プログラムがその仕様を満たすことを証明できることを確認する．

4.1 プログラムの仕様に関する表明

　与えられたプログラムが正しく動作するか否かを議論するためには，そもそもそのプログラムがどういう動作をすることを期待されているかを明確にしなければならない．一般に，プログラムに期待されている動作を，そのプログラムの**仕様**（specification）と呼ぶ．実際のソフトウェア開発では，プログラミング以前に，この仕様の誤りによってソフトウェアの不具合が生じることも多い．
　例として，以下の最大公約数を求めるプログラム（EUCLID と呼ぶ）を考えよう．

while $\mathrm{not}(X = Y)$ **do if** $X \leq Y$ **then** $Y := Y - X$ **else** $X := X - Y$

上のプログラムが正しいことを証明するためには，そもそもここで「EUCLID が（最大公約数を求める）正しいプログラムである」とはどういうことかを厳密に述べなければならない．自然言語を用いれば，EUCLID が満たすべき仕様を以下のように表すことができる．

[仕様 1]　「X，Y の値がともに正の整数である状態のもとで EUCLID を評価すれば，評価はいずれ必ず停止し，停止したときの X の値は X，Y の初期値の最大公約数である．」

　同様に，プログラム SUM：

$$S := 0; \textbf{while } 1 \leq N \textbf{ do } (S := S + N; N := N - 1)$$

が 1 から N の初期値までの和を計算するプログラムであることは，以下のように述べることができる．

[仕様 2] 「N の値が 0 以上である状態のもとで SUM を評価すれば，評価はいずれ必ず停止し，停止したときの S の値は 1 から N の初期値までの和である．」

これらを一般化すると，以下のような仕様が得られる．

「○○を満たす初期状態の下でプログラム c を評価すれば，評価はいずれ必ず停止し，停止したときの状態は△△を満たす．」

一般に，このような仕様を，プログラム c の**完全正当性**と呼ぶ．また，初期状態に関する条件○○を**事前条件**，停止状態に関する条件△△を**事後条件**と呼ぶ．

なお，上の完全正当性は，以下のような**停止性**と**部分正当性**の 2 つの性質に分けて議論することが多い．

[停止性] 「○○を満たす初期状態の下でプログラム c を評価すれば，評価はいずれ必ず停止する．」

[部分正当性] 「○○を満たす初期状態の下でプログラム c を評価したときに，評価がもし停止すれば，停止したときの状態は△△を満たす．」

例えば，EUCLID の仕様 1 は以下の 2 つの性質に分けることができる．

[仕様 1.1（停止性）] 「X, Y の値がともに正の整数である状態のもとで EUCLID を評価すれば，評価はいずれ必ず停止する．」

[仕様 1.2（部分正当性）] 「X, Y の値がともに正の整数である状態のもとで EUCLID を評価したとき，評価が停止すれば，そのときの X の値は X, Y の初期値の最大公約数である．」

演習問題 4.1 SUM の仕様（仕様 2）を，停止性と部分正当性に分けて述べよ．

さて，1 章で述べたように自然言語での記述には曖昧性がともなうので，上記の仕様を論理式を用いて記述することにしよう．まず，「状態 σ のもとでプログラム c は停止する」は，前章の評価関係を用いると「ある状態 σ' について，(c,σ) から $(\mathbf{skip},\sigma')$ への評価列が存在する」と言い換えることができるので（補足 4.1 参照），

$$\exists \sigma' \in \mathbf{State}.((c,\sigma) \longrightarrow^* (\mathbf{skip},\sigma'))$$

と表すことができる．ここで，**State** は状態の集合，すなわち変数の集合から整数の集合への部分関数からなる集合 **Var** ⇀ **Num** を表す．

これを用いて，EUCLID の停止性（仕様 1.1）と部分正当性（仕様 1.2）を以下のように論理式として表すことができる．

[仕様 1.1]

$$\forall \sigma \in \mathbf{State}.(\sigma(X) > 0 \land \sigma(Y) > 0$$
$$\Rightarrow \exists \sigma' \in \mathbf{State}.(\mathrm{EUCLID}, \sigma) \longrightarrow^* (\mathbf{skip}, \sigma'))$$

[仕様 1.2]

$$\forall \sigma, \sigma' \in \mathbf{State}.(\sigma(X) > 0 \land \sigma(Y) > 0 \land (\mathrm{EUCLID}, \sigma) \longrightarrow^* (\mathbf{skip}, \sigma')$$
$$\Rightarrow gcd(\sigma'(X), \sigma(X), \sigma(Y)))$$

ただし，$gcd(g, x, y)$ は，g が x と y の最大公約数であることを表す述語である．EUCLID の完全正当性（仕様 1）は，上記 2 つの論理式の論理積として表現できる．

演習問題 4.2　述語 $gcd(g, x, y)$ を整数に関する変数・定数および演算子 $+$, $\times$ と等号・不等号を用いた論理式として表せ．

一般のプログラム c の停止性および部分正当性は，事前条件 $Pre(\sigma)$ および事後条件 $Post(\sigma, \sigma')$ を用いて以下のように記述できる．

[停止性]　$\forall \sigma \in \mathbf{State}.(Pre(\sigma) \Rightarrow \exists \sigma' \in \mathbf{State}.(c, \sigma) \longrightarrow^* (\mathbf{skip}, \sigma'))$

[部分正当性]　$\forall \sigma, \sigma' \in \mathbf{State}.\ ((Pre(\sigma) \land (c, \sigma) \longrightarrow^* (\mathbf{skip}, \sigma')) \Rightarrow Post(\sigma, \sigma'))$

演習問題 4.3　プログラム SUM の停止性および部分正当性を論理式として表せ．

補足 4.1　プログラムの停止性を $\exists \sigma' \in \mathbf{State}.(c, \sigma) \longrightarrow^* (\mathbf{skip}, \sigma')$ と表せることは，プログラムの評価が一意であること（演習問題 3.12 を参照）に依存している．プログラムの評価に非決定性がある場合には，どのような非決定的な選択の下でもプログラムが停止することを言うために，「無限簡約列 $(c, \sigma) \longrightarrow (c_1, \sigma_1) \longrightarrow (c_2, \sigma_2) \longrightarrow \cdots$ が存在しない」と述べる必要がある．これは，論理式で表現すれば以下のようになる．

$\neg\exists f \in \textbf{Nat} \to \textbf{Prog}.\exists g \in \textbf{Nat} \to \textbf{State}.$
$(f(0) = c \land g(0) = \sigma \land \forall i \in \textbf{Nat}.(f(i), g(i)) \longrightarrow (f(i+1), g(i+1)))$

4.2 プログラムの正当性の証明

前節のように仕様を論理式として記述すれば，プログラムが仕様を満たすことを数学的に証明することができる．ここでは，前節で取り上げたプログラム EUCLID がその仕様を満たすことを実際に証明してみよう．

> **命題 4.1** X，Y の値がともに正の整数である状態のもとで EUCLID を評価すれば，評価はいずれ必ず停止する．すなわち，
>
> $$\forall \sigma \in \textbf{State}.((\sigma(X) > 0 \land \sigma(Y) > 0)$$
> $$\Rightarrow \exists \sigma' \in \textbf{State}.(\text{EUCLID}, \sigma) \longrightarrow^* (\textbf{skip}, \sigma'))$$
>
> が成り立つ．

証　明

上の命題は，

$$\forall n \in \textbf{Nat}.\forall \sigma \in \textbf{State}.((\sigma(X) > 0 \land \sigma(Y) > 0 \land \sigma(X) + \sigma(Y) \leq n)$$
$$\Rightarrow \exists \sigma' \in \textbf{State}.(\text{EUCLID}, \sigma) \longrightarrow^* (\textbf{skip}, \sigma'))$$

と等価である．よって，これを n に関する数学的帰納法により証明すればよい．$n = 0$ のときは前提条件 $\sigma(X) > 0 \land \sigma(Y) > 0 \land \sigma(X) + \sigma(Y) \leq n$ が成立しない．$n > 0$ のときは，$\sigma(X)$ と $\sigma(Y)$ の間の関係により場合わけを行う．**if** $X \leq Y$ **then** $Y := Y - X$ **else** $X := X - Y$ を c_0 と書くことにする．

- $\sigma(X) = \sigma(Y)$ のとき

$$
\begin{aligned}
&\quad (\text{EUCLID}, \sigma) \\
&\longrightarrow \quad (\textbf{if not}(X = Y) \textbf{ then } c_0; \text{EUCLID} \textbf{ else skip}, \sigma) \\
&\longrightarrow^* \quad (\textbf{if false then } c_0; \text{EUCLID} \textbf{ else skip}, \sigma) \\
&\longrightarrow \quad (\textbf{skip}, \sigma)
\end{aligned}
$$

が成り立つので，$\sigma' = \sigma$ とおけば条件が満たされる．

- $\sigma(X) < \sigma(Y)$ のとき

$$
\begin{aligned}
& (\text{EUCLID}, \sigma) \\
\longrightarrow\quad & (\text{if not}(X = Y) \text{ then } c_0; \text{EUCLID else skip}, \sigma) \\
\longrightarrow^*\quad & (\text{if true then } c_0; \text{EUCLID else skip}, \sigma) \\
\longrightarrow\quad & (c_0; \text{EUCLID}, \sigma) \\
\longrightarrow^*\quad & ((\text{if true then } Y := Y - X \text{ else } \cdots); \text{EUCLID}, \sigma) \\
\longrightarrow\quad & (Y := Y - X; \text{EUCLID}, \sigma) \\
\longrightarrow^*\quad & (\text{EUCLID}, \sigma\{Y \mapsto \sigma(Y) - \sigma(X)\})
\end{aligned}
$$

$\sigma_1 = \sigma\{Y \mapsto \sigma(Y) - \sigma(X)\}$ とおけば, $\sigma_1(X) > 0 \wedge \sigma_1(Y) > 0 \wedge \sigma_1(X) + \sigma_1(Y) < \sigma(X) + \sigma(Y) \le n$ が成り立つので, 帰納法の仮定より, ある σ' が存在して $(\text{EUCLID}, \sigma_1) \longrightarrow^* (\text{skip}, \sigma')$ が成り立つ. よって, 上記の簡約列とあわせて, $(\text{EUCLID}, \sigma) \longrightarrow^* (\text{skip}, \sigma')$ が得られる.

- $\sigma(X) > \sigma(Y)$ のとき

$\sigma(X) < \sigma(Y)$ の場合と同様.

■

命題 4.2 X, Y の値がともに正の整数である状態のもとで EUCLID を評価したとき, 評価が停止したときの X の値は X, Y の初期値の最大公約数になっている. すなわち,

$$
\begin{aligned}
\forall \sigma, \sigma' \in \mathbf{State}.((\sigma(X) > 0 \wedge \sigma(Y) > 0 \wedge (\text{EUCLID}, \sigma) \longrightarrow^* (\text{skip}, \sigma')) \\
\Rightarrow gcd(\sigma'(X), \sigma(X), \sigma(Y)))
\end{aligned}
$$

が成り立つ.

証 明

簡約列 $(\text{EUCLID}, \sigma) \longrightarrow^* (\text{skip}, \sigma')$ の長さ (簡約ステップ数) l に関する数学的帰納法 (より正確には, l 未満の場合をすべて仮定する, いわゆる完全帰納法) により証明する.[1]

---

[1]命題 4.1 の証明と同様, 命題を $\forall n \in \mathbf{Nat}.\forall \sigma \in \mathbf{State}.((\sigma(X) > 0 \wedge \sigma(Y) > 0 \wedge \sigma(X) + \sigma(Y) \le n \wedge (\text{EUCLID}, \sigma) \longrightarrow^* (\text{skip}, \sigma')) \Rightarrow gcd(\sigma'(X), \sigma(X), \sigma(Y)))$ と置き換え, n に関する数学的帰納法により証明することもできる.

$l = 0$ の場合，前提条件 $(\text{EUCLID}, \sigma) \longrightarrow^0 (\textbf{skip}, \sigma')$ が成立しない．$l > 0$ の場合，$\sigma(X)$ と $\sigma(Y)$ の間の関係により場合わけを行う．以下では **if** $X \leq Y$ **then** $Y := Y - X$ **else** $X := X - Y$ を c_0 と書く．

- $\sigma(X) = \sigma(Y)$ のとき

簡約列 $(\text{EUCLID}, \sigma) \longrightarrow^* (\textbf{skip}, \sigma')$ は以下の形である．

$$(\text{EUCLID}, \sigma)$$
$$\longrightarrow \quad (\textbf{if not}(X = Y) \textbf{ then } c_0; \text{EUCLID} \textbf{ else skip}, \sigma)$$
$$\longrightarrow^* \quad (\textbf{if false then } c_0; \text{EUCLID} \textbf{ else skip}, \sigma)$$
$$\longrightarrow \quad (\textbf{skip}, \sigma)$$

したがって，$\sigma = \sigma'$ であり，$\sigma(X) = \sigma(Y) > 0$ より $\sigma(X)$ と $\sigma(Y)$ の最大公約数は $\sigma(X) = \sigma'(X)$ なので，$gcd(\sigma'(X), \sigma(X), \sigma(Y))$ が成り立つ．

- $\sigma(X) < \sigma(Y)$ のとき

簡約列 $(\text{EUCLID}, \sigma) \longrightarrow^* (\textbf{skip}, \sigma')$ は以下の形である．

$$(\text{EUCLID}, \sigma)$$
$$\longrightarrow \quad (\textbf{if not}(X = Y) \textbf{ then } c_0; \text{EUCLID} \textbf{ else skip}, \sigma)$$
$$\longrightarrow^* \quad (\textbf{if true then } c_0; \text{EUCLID} \textbf{ else skip}, \sigma)$$
$$\longrightarrow \quad (c_0; \text{EUCLID}, \sigma)$$
$$\longrightarrow^* \quad ((\textbf{if true then } Y := Y - X \textbf{ else } \cdots); \text{EUCLID}, \sigma)$$
$$\longrightarrow \quad (Y := Y - X; \text{EUCLID}, \sigma)$$
$$\longrightarrow^* \quad (\text{EUCLID}, \sigma\{Y \mapsto \sigma(Y) - \sigma(X)\})$$
$$\longrightarrow^* \quad (\textbf{skip}, \sigma')$$

$\sigma_1 = \sigma\{Y \mapsto \sigma(Y) - \sigma(X)\}$ とおけば，簡約列 $(\text{EUCLID}, \sigma_1) \longrightarrow^* (\textbf{skip}, \sigma')$ の長さは $l - 1$ 以下なので，帰納法の仮定より，$gcd(\sigma'(X), \sigma_1(X), \sigma_1(Y))$ が成り立つ．さらに，$\sigma_1 = \sigma\{Y \mapsto \sigma(Y) - \sigma(X)\}$ と最大公約数の性質 $\forall g, x, y.(gcd(g, x, y) \Leftrightarrow gcd(g, x, y - x))$ より，$gcd(\sigma'(X), \sigma(X), \sigma(Y))$ が成り立つ．

- $\sigma(X) > \sigma(Y)$ のとき

$\sigma(X) < \sigma(Y)$ の場合と同様．

演習問題 4.4 プログラム SUM が演習問題 4.3 で記述した停止性および部分正当性を満たすことを証明せよ.

4.3 ループ不変条件とループ変動式

while 文のような繰り返し（ループ）構造を持つプログラムの部分正当性や停止性を議論する際には, 以下で述べるようなループ不変条件やループ変動式に着目すると便利である.

4.3.1 ループ不変条件

プログラム中の特定のループの先頭で常に成り立つ性質を**ループ不変条件**（loop invariant）と呼ぶ.

例として, 4.1 節で取り上げたプログラム EUCLID を考えよう. 初期状態が $\{X \mapsto 12, Y \mapsto 15\}$ のとき, EUCLID の簡約列は以下のようになる.

$$
\begin{aligned}
(\text{EUCLID}, \{X \mapsto 12, Y \mapsto 15\}) \quad &\longrightarrow^* \quad (\text{EUCLID}, \{X \mapsto 12, Y \mapsto 3\}) \\
&\longrightarrow^* \quad (\text{EUCLID}, \{X \mapsto 9, Y \mapsto 3\}) \\
&\longrightarrow^* \quad \cdots
\end{aligned}
$$

簡約の過程で X と Y の値は変化していくが, while 文の先頭を実行しているときには, 常に $gcd(3, X, Y) \wedge X > 0 \wedge Y > 0$ が成り立つ. 一般の状態では, 初期状態での X と Y の値の最大公約数を g とすれば, while 文の先頭では常に $gcd(g, X, Y) \wedge X > 0 \wedge Y > 0$ が成り立つ. このような条件をループ不変条件と呼ぶ.

ループ不変条件は, ループが停止したときに成り立つ条件について, ひいてはプログラムの部分正当性について推論するのに便利である. 例として, プログラム EUCLID が停止したときの状態 σ' がどのような条件を満たすかどうかを考えよう. $gcd(g, X, Y) \wedge X > 0 \wedge Y > 0$ がループ不変条件であることはすでにわかっているものとする. EUCLID の評価が停止するのは, while 文の条件が **false** になる場合である. したがって, EUCLID が停止するまでの簡約列は, 必ず以下のような形をしている.

$$(\text{Euclid}, \sigma) \quad \longrightarrow^* \quad (\text{Euclid}, \sigma')$$
$$\longrightarrow \quad (\textbf{if not}(X = Y) \textbf{ then } c_1; \text{Euclid } \textbf{else skip}, \sigma')$$
$$\longrightarrow^* \quad (\textbf{if false then } c_1; \text{Euclid } \textbf{else skip}, \sigma')$$
$$\longrightarrow \quad (\textbf{skip}, \sigma')$$

σ' はどのような条件を満たすだろうか？

まず，ループ不変条件より，$\gcd(g, \sigma'(X), \sigma'(Y)) \wedge \sigma'(X) > 0 \wedge \sigma'(Y) > 0$ が成り立つことがわかる．さらに $\textbf{not}(X = Y)$ の値が $\textbf{false}$ であることから，$\sigma'(X) = \sigma'(Y)$ が成り立つことがわかる．よって，$g = \sigma'(X) = \sigma'(Y)$ が導かれ，プログラム停止状態 σ' での X の値が，X と Y の初期値の最大公約数であることがわかる．

一般に，$\textbf{while } b \textbf{ do } c$ のループ不変条件が A であるとき，while 文を終了するときには $A \wedge \neg b$ が成り立つ．この性質に着目すれば，ループの入ったプログラムの部分停止性を証明するためには，

(1) まず各ループについて適切な不変条件を見つけ，

(2) それが成り立つことを証明し，

(3) 不変条件から部分停止性を導けばよい，

ことがわかる．

以下に，不変条件を用いた，命題 4.2 の別証を与える．論理式 A が $\textbf{while } b \textbf{ do } c$ のループ不変条件であることを示すためには，(1) $\textbf{while } b \textbf{ do } c$ の評価直前に A が成り立ち，(2) $A \wedge b$ が成り立つ状態で c を評価すれば再び A が成り立つことを示せばよいことに注意されたい．

証　　明

状態 σ は $\sigma(X) > 0 \wedge \sigma(Y) > 0$ を満たし，$\sigma(X)$ と $\sigma(Y)$ の最大公約数を g とする．まず，$I \overset{\triangle}{=} \gcd(g, X, Y) \wedge X > 0 \wedge Y > 0$ が，Euclid を状態 σ で実行したときの，ループ不変条件であることを示す．(1) 最初に while 文を実行するときには，I が成り立つ．(2) 状態 σ_1 が $I \wedge \textbf{not}(X = Y)$ を満たす，すなわち $\gcd(g, \sigma_1(X), \sigma_1(Y)) \wedge \sigma_1(X) > 0 \wedge \sigma_1(Y) > 0 \wedge \textbf{not}(\sigma_1(X) = \sigma_1(Y))$ が成り立つと仮定する．すると，while 文の本体実行後の状態 σ_2 は，以下によって与えられる．

$$\sigma_2 = \begin{cases} \sigma_1\{Y \mapsto \sigma_1(Y) - \sigma_1(X)\} & \sigma_1(X) \leq \sigma_1(Y) \text{ のとき} \\ \sigma_1\{Y \mapsto \sigma_1(X) - \sigma_1(Y)\} & \mathbf{not}(\sigma_1(X) \leq \sigma_1(Y)) \text{ のとき} \end{cases}$$

いずれの場合にも $gcd(g, \sigma_2(X), \sigma_2(Y)) \wedge \sigma_2(X) > 0 \wedge \sigma_2(Y) > 0$ が成り立つので，I はループ不変条件である．

したがって，$(\text{Euclid}, \sigma) \longrightarrow^* (\mathbf{skip}, \sigma')$ ならば，σ' は条件 I を満たし，かつループの停止条件 $X = Y$ も満たす．ゆえに，$g = \sigma'(X)$，すなわち $gcd(\sigma'(X), \sigma(X), \sigma(Y))$ が成り立つ．■

演習問題 4.5　Sum のループ不変条件を示し，それを用いて Sum の部分正当性を導け．

4.3.2　ループ変動式

プログラム中の特定のループの先頭で，「繰り返しのたびに（ある整礎関係に関して）単調に減少する値」を**ループ変動式**（loop variant）と呼ぶ．

プログラムが停止することを示すためには，ループ変動式を考えるのが便利である．再びプログラム Euclid の簡約列を考えよう．

$$\begin{aligned} (\text{Euclid}, \{X \mapsto 12, Y \mapsto 15\}) &\longrightarrow^* (\text{Euclid}, \{X \mapsto 12, Y \mapsto 3\}) \\ &\longrightarrow^* (\text{Euclid}, \{X \mapsto 9, Y \mapsto 3\}) \\ &\longrightarrow^* \cdots \end{aligned}$$

簡約の過程で X と Y の値は変化していくが，while 文の先頭を実行しているときには，$X + Y$ の値が $27 \to 15 \to 12 \to \cdots$ と単調に減少していることがわかる．ループ不変条件 $X > 0 \wedge Y > 0$ から $X + Y > 0$ が成り立つので，$X + Y$ の値が無限に減少し続けることはなく，したがってプログラム Euclid の簡約が無限に続くことはないことがわかる．

このように，ループのたびに値が単調に減少し，しかもその値の無限減少列が存在しないような式をループ変動式と呼ぶ．一般に，言語 $\mathcal{W}$ においては，プログラム c のすべての while 文についてループ変動式が存在すれば，プログラム c は停止する．

演習問題 4.6　次のプログラムについて以下の問に答えよ．ただし，m, n は正の整

数であるとする.

$$M := m; N := n; R := 1; X := 1;$$
$$\textbf{while } X \leq N \textbf{ do } (R := R \times M; X := X + 1)$$

(1) 上のプログラムが停止する理由を述べよ.

(2) while 文の条件判定時に常に成り立つ性質（ループ不変条件）を述べよ.

(3) (2) の結果を用いて，プログラムの停止状態における R の値が m^n であることを示せ.

第5章 ホーア論理

4章において，プログラムが期待どおりの動作をすることを操作的意味に基づいて厳密に検証（証明）する方法を学んだ．しかしながら，ユークリッドの互除法のプログラム例（EUCLID）からわかるように，証明は煩雑かつ人間の知恵を必要とするものであり，その方法によってプログラムをコンピュータで機械的に検証するというわけにはいかない．

そこで本章では，プログラムが与えられた性質を満たすことを機械的に導くための推論体系を与える．この推論体系のことを，提案した人の名前をとって**ホーア論理**あるいは**フロイド-ホーア論理**と呼ぶ．歴史的には，フロイドがフローチャート言語についてこの種の推論規則を定式化し，その後ホーアが命令型言語に対する推論規則を与えた．後で述べるように，ホーア論理を用いると，プログラムの正しさをコンピュータを用いて半自動的に検証することができる[1]．

ホーア論理の主な用途はプログラムの検証であるが，推論規則群がプログラムが満たすべき性質，ひいてはプログラムの意味を定めていると考えることもできることから，**公理的意味論**とも呼ばれる．

5.1 ホーア論理の表明

ホーア論理では，前章で触れた，「プログラム c が A を満たす初期状態のもとで実行が終了するならば終了状態が B を満たす」ことを表す**部分正当性**と，「A を満たす初期状態のもとで c を実行すれば必ず停止し，終了状態が B を満たす」ことを表す**完全正当性**のための推論体系を与える．以下では，部分正当性を $\{A\}c\{B\}$，完全正当性を $[A]c[B]$ と書く．条件式 A と B をそれぞれ，**事前条件**，**事後条件**と呼ぶ．

---

[1] 「半」自動という言葉からわかるように常に完全に検証できるわけではなく，ある程度の人間の介在が必要である．

例えば,

$$\{X = m > 0 \text{ and } Y = n > 0\}\text{EUCLID}\{X = \gcd(m,n)\}$$

という表明は,

> 「プログラム EUCLID を,$X = m > 0$ かつ $Y = n > 0$ を満たす初期
> 状態のもとで実行すれば,プログラムが停止した場合には,そのとき
> の X の値は m と n の最大公約数である.」

という性質が任意の整数 m, n について成り立つことを意味する.ただし本章
では $\gcd(m,n)$ で整数 m, n の最大公約数を表す.

一方,完全正当性の表明:

$$[X = m > 0 \text{ and } Y = n > 0]\text{EUCLID}[X = \gcd(m,n)]$$

は,上の性質に加えて,$X = m > 0$ かつ $Y = n > 0$ を満たす初期状態のもと
で実行すれば EUCLID が停止することを意味する.

演習問題 5.1　以下のプログラム SUM が 1 から N の初期値までの和を計算するプ
ログラムであることを,完全正当性の表明として表せ.

$$S := 0; \textbf{while } N > 0 \textbf{ do } (S := S + N; N := N - 1)$$

演習問題 5.2　部分正当性の表明 $\{\textbf{true}\}c\{\textbf{false}\}$ は何を表すか答えよ.

5.2　部分正当性 $\{A\}c\{B\}$ の推論規則

本節では,部分正当性 $\{A\}c\{B\}$ の推論規則を与える.次節でみるように,
完全正当性 $[A]c[B]$ のための推論規則は部分正当性の規則に若干の拡張を加え
ることによって得られる.

$\{A\}c\{B\}$ の推論規則は,基本的には(最後に述べる規則を除いて),プログ
ラム c の各構文に従って,c の部分プログラムの性質から c 全体の性質を導く,
という形をとる.

まず,**skip** の場合を考える.プログラム **skip** は状態を変化させないから,
skip の実行前に成り立つ条件は実行後も成り立つ.したがって,以下のよう

な公理が成り立つ.

$$\{A\}\textbf{skip}\{A\} \qquad\qquad \text{(H-Skip)}$$

次に代入文 $X := a$ の場合を考える. まず例として, 代入文 $X := Y - 1$ に対する事後条件 B が $X > 0$ の場合に, どのような事前条件 A が成り立てばよいかを考えよう. すると, 実行後の X には実行前の $Y - 1$ の値が入っていることから, 事前条件として $Y - 1 > 0$ が成り立てばよいことがわかる. これは, 事後条件 B の変数 X に式 $Y - 1$ を代入して得られる式である. 同様に, 一般に $X := a$ の実行後に B が成り立つためには, 実行前に $[a/X]B$ が成り立っていればよいことがわかる. したがって, 代入文については以下の公理が成り立つ.

$$\{[a/X]B\}X := a\{B\} \qquad\qquad \text{(H-Assign)}$$

次に逐次実行 $c_0; c_1$ の場合を考える. 最初に述べたように, $c_0; c_1$ の性質 $\{A\}c_0; c_1\{B\}$ を, 部分プログラム c_0 と c_1 の性質から導きたい. プログラム $c_0; c_1$ は c_0 を実行した後に c_1 を実行するから, c_0 を実行後の中間状態が満たすべき性質を C とすると, 以下の規則が成り立つことがわかる.

$$\frac{\{A\}c_0\{C\} \qquad \{C\}c_1\{B\}}{\{A\}c_0; c_1\{B\}} \qquad\qquad \text{(H-Seq)}$$

推論規則は, 横線の上の条件が成り立てば下の条件が成り立つ, と読むことを思い出してもらいたい. ここでは, $\{A\}c_0\{C\}$ と $\{C\}c_1\{B\}$ が成り立てば, $\{A\}c_0; c_1\{B\}$ が成り立つことを意味する.

次に条件文 **if** b **then** c_0 **else** c_1 を考えよう. 条件文は, b の値が真 (**true**) ならば c_0 が, 偽 (**false**) ならば c_1 が実行される. したがって, $\{A\}\textbf{if } b \textbf{ then } c_0 \textbf{ else } c_1\{B\}$ が成り立つためには, $\{A \textbf{ and } b\}c_0\{B\}$ と $\{A \textbf{ and } (\textbf{not}(b))\}c_1\{B\}$ が成り立てばよい. よって以下の推論規則が得られる.

$$\frac{\{A \textbf{ and } b\}c_0\{B\} \qquad \{A \textbf{ and } (\textbf{not}(b))\}c_1\{B\}}{\{A\}\textbf{if } b \textbf{ then } c_0 \textbf{ else } c_1\{B\}} \qquad\qquad \text{(H-If)}$$

ここでもプログラム **if** b **then** c_0 **else** c_1 の性質が部分プログラム c_0 と c_1 の性質から導かれていることに注意されたい.

つづいて繰り返し文 **while** b **do** c_0 について考えよう. 繰り返し文について推論するためには,4章で解説した**ループ不変条件**が役に立つ. ループ不変条件とは while 文の先頭で常に成り立つ性質のことであった. 条件 A がループ不変条件であるためには,A が成り立つ下で繰り返し文の本体 c_0 を実行した後に必ず A が成り立つこと,すなわち $\{A \text{ and } b\}c_0\{A\}$ が成り立てばよい. (事前条件に b があるのは,繰り返し文の本体が実行されるのは,条件部 b が真のときのみだからである.) このとき,A を満たす状態の下で繰り返し文を実行した場合には,実行後も A が成り立ち,かつ繰り返し文が終了するときには b が偽,すなわち $\text{not}(b)$ が成り立つから,以下のような推論規則が得られる.

$$\frac{\{A \text{ and } b\}c_0\{A\}}{\{A\}\text{while } b \text{ do } c_0\{A \text{ and } (\text{not}(b))\}} \quad \text{(H-While)}$$

以上のルールはプログラムの各構文に対応した規則であり,部分プログラムの性質からプログラム全体の性質を導くためのものである. 最後に,プログラムの構文とは独立な,論理的含意に基づく規則を用意する.

$$\frac{\models A \Rightarrow A' \qquad \{A'\}c\{B'\} \qquad \models B' \Rightarrow B}{\{A\}c\{B\}} \quad \text{(H-Con)}$$

ここで,$\models A \Rightarrow A'$ は,A が A' よりも強い条件であることを表す[2]. 上の規則は,$\{A'\}c\{B'\}$ が成り立つならば,事前条件 A' をそれよりも強い条件で,事後条件 B' をそれよりも弱い条件で置き換えてよいことを表す. 例えば,$\{X > 0\}c\{Y > 0\}$ から,$\{X > 1\}c\{Y \geq 0\}$ を導くことができる.

以上のルールから $\{A\}c\{B\}$ が導けるとき,$\vdash \{A\}c\{B\}$ と書くことにする.

例 5.1 上の規則から

$$\{X = m > 0 \text{ and } Y = n > 0\}\text{Euclid}\{X = \gcd(m, n)\}$$

---

[2]一般に,論理式 A が恒真である(すなわち,論理式に含まれる変数に対してどのような解釈を与えても真である)ときに $\models A$ と書く.

が導けることを確かめよう.

Euclid は while 文なので, H-While を適用する必要がある. H-While を適用するのに必要な不変条件 A として以下の論理式を選ぶことにする.

$$X > 0 \text{ and } Y > 0 \text{ and } (\gcd(X, Y) = \gcd(m, n))$$

これが確かに不変条件であること, すなわち

$$\{A \text{ and } \mathbf{not}(X = Y)\}\text{if } X \leq Y \text{ then } Y := Y - X \text{ else } X := X - Y\{A\}$$
$$\cdots (1)$$

であることが示せれば, H-While より,

$$\{A\}\text{Euclid}\{A \text{ and } \mathbf{not}(\mathbf{not}(X = Y))\} \quad \cdots (2)$$

を導くことができる. さらに, $(X = m > 0 \text{ and } Y = n > 0) \Rightarrow A$ および $A \text{ and } \mathbf{not}(\mathbf{not}(X = Y)) \Rightarrow X = \gcd(m, n)$ が成り立つことから, (2) に H-Con を適用して

$$\{X = m > 0 \text{ and } Y = n > 0\}\text{Euclid}\{X = \gcd(m, n)\}$$

を導くことができる.

あとは (1) を導けばよい. 規則 H-If より, (1) を導くためには, 以下が成り立てばよい.

$$\{A \text{ and } \mathbf{not}(X = Y) \text{ and } X \leq Y\}Y := Y - X\{A\} \qquad \cdots (3)$$
$$\{A \text{ and } \mathbf{not}(X = Y) \text{ and } \mathbf{not}(X \leq Y)\}X := X - Y\{A\} \quad \cdots (4)$$

H-Assign より

$$\{[Y - X/Y]A\}Y := Y - X\{A\} \quad \cdots (5)$$
$$\{[X - Y/X]A\}X := X - Y\{A\} \quad \cdots (6)$$

が成り立つので, あとは, 以下の 2 つが成り立つことが言えれば, H-Con より (3), (4) を導くことができる.

$$A \text{ and } \mathbf{not}(X = Y) \text{ and } X \leq Y \Rightarrow [Y - X/Y]A \qquad \cdots (7)$$
$$A \text{ and } \mathbf{not}(X = Y) \text{ and } \mathbf{not}(X \leq Y) \Rightarrow [X - Y/X]A \quad \cdots (8)$$

ここで, $[Y - X/Y]A$ は, A の定義より

$$X > 0 \text{ and } Y - X > 0 \text{ and } (\gcd(X, Y - X) = \gcd(m, n))$$

である. A and not$(X = Y)$ and $X \leq Y$ を仮定すると, $X > 0$ は明らか. また, not$(X = Y)$ かつ $X \leq Y$ より $Y - X > 0$ も成り立つ. さらに gcd の性質より $\gcd(X, Y - X) = \gcd(X, Y)$ であるので, $\gcd(X, Y) = \gcd(m, n)$ より $\gcd(X, Y - X) = \gcd(m, n)$ が成り立つ. 以上より, (7) が成り立つ. (8) が成り立つことも同様に確かめられる.

以上より,

$$\{X = m > 0 \text{ and } Y = n > 0\}\text{EUCLID}\{X = \gcd(m, n)\}$$

を導くことができた.

以上の推論過程を木で表すと[3]以下のようになる.

$$\cfrac{\cfrac{\{[Y - X/Y]A\}Y := Y - X\{A\}}{\{A_1\}Y := Y - X\{A\}} \text{ H-CON} \quad \cfrac{\{[X - Y/X]A\}X := X - Y\{A\}}{\{A_2\}X := X - Y\{A\}} \text{ H-CON}}{\cfrac{\cfrac{\{A \text{ and } \text{not}(X = Y)\}c_0\{A\}}{\{A\}\text{EUCLID}\{A \text{ and } \text{not}(\text{not}(X = Y))\}} \text{ H-WHILE}}{\{X = m > 0 \text{ and } Y = n > 0\}\text{EUCLID}\{X = \gcd(m, n)\}} \text{ H-CON}} \text{ H-IF}}$$

ただし, 上記の A, A_1, A_2, c_0 はそれぞれ以下の条件とプログラムを表す.

$$A \overset{\triangle}{=} X > 0 \text{ and } Y > 0 \text{ and } (\gcd(X, Y) = \gcd(m, n))$$

$$A_1 \overset{\triangle}{=} A \text{ and } \text{not}(X = Y) \text{ and } X \leq Y$$

$$A_2 \overset{\triangle}{=} A \text{ and } \text{not}(X = Y) \text{ and } \text{not}(X \leq Y)$$

$$c_0 \overset{\triangle}{=} \text{if } X \leq Y \text{ then } Y := Y - X \text{ else } X := X - Y$$

■

演習問題 5.3 演習問題 5.1 のプログラム SUM について,

$$\{N = n > 0\}SUM\{S = \sum_{i=1}^{n} i\}$$

を導け (例 5.1 の最後に示したような, 導出の過程を表す導出木を書け). ただし $\sum$ は通常の定義を仮定してよい (以降においても同様).

---

[3]このように複数の推論規則を適用して結論が導かれる過程を木で表現したものを, **導出木**と呼ぶ.

5.3　ホーア論理の健全性と相対完全性

　前節で示した規則群は直感的には正しそうだが，本当にそうなのだろう
か？　すなわち，$\{A\}c\{B\}$ が導けるのであれば，必ず A が成り立つ状態のも
とで c を実行したあとに B が成り立つのだろうか？　また，逆に「A を満た
す状態のもとで c の実行が終了するならば終了状態が B を満たす」のであれ
ば，上の規則を用いて $\{A\}c\{B\}$ を証明することができるのだろうか？

　一般に，ある推論体系で導出される結論がすべて意味的に正しいとき，その
推論体系は**健全**であるという．逆に，意味的に正しい結論をすべて推論体系か
ら導出できるとき，その推論体系は**完全**であるという．

　ホーア論理の健全性と完全性について議論するために，まず部分正当性の表
明 $\{A\}c\{B\}$ が意味的に正しいとはどういうことかを厳密に定義する．

　まず，事前条件や事後条件を表す条件式 $A, B, \dots$ の構文を以下のように定
義する．

$$A ::= \mathbf{true} \mid \mathbf{false} \mid e_0 \le e_1 \mid \mathbf{not}(A) \mid A_0 \ \mathbf{and} \ A_1 \mid \exists i.A$$
$$e ::= n \mid X \mid i \mid e_0 + e_1 \mid e_0 \times e_1$$

ここで，メタ変数 i は整数変数を表す．条件式 A の集合は，プログラムのブー
ル式の集合を包含し，さらに（EUCLID の例で用いた変数 m, n などの）整数
変数に関する不等式，および限量子（$\exists i$）を含む．「すべての整数 i について A
が成り立つ」を表す $\forall i.A$ は $\mathbf{not}(\exists i.\mathbf{not}(A))$ によって表現できる．また，「A
ならば B が成り立つ」を表す $A \Rightarrow B$ は $\mathbf{not}(A) \lor B$ によって表現できる．そ
こで，以下ではそれらの定義可能な論理記号も断りなく用いる．

　各整数変数が表す値を表現するために，整数変数の集合 **IVar** から整数の集
合への部分関数 I を考え，それを**解釈**と呼ぶ．「状態 σ が解釈 I のもとで A を
満たす」という関係 $\sigma, I \models A$ を以下によって定義する．

$$\sigma, I \models \mathbf{true}$$
$$\sigma, I \models (e_0 \le e_1) \text{ if } [\![e_0]\!]_{I,\sigma} \le [\![e_1]\!]_{I,\sigma}$$
$$\sigma, I \models \mathbf{not}(A) \text{ if } \neg(\sigma, I \models A)$$
$$\sigma, I \models A_0 \ \mathbf{and} \ A_1 \text{ if } (\sigma, I \models A_0) \land (\sigma, I \models A_1)$$
$$\sigma, I \models \exists i.A \text{ if } \exists n \in \mathbf{N}.(\sigma, I\{i \mapsto n\} \models A)$$

ただし，$[\![e]\!]_{I,\sigma}$ は解釈 I と状態 σ のもとでの数式 e の値を表し，以下によって定義される．

$$
\begin{aligned}
[\![n]\!]_{I,\sigma} &= n \\
[\![X]\!]_{I,\sigma} &= \sigma(X) \\
[\![i]\!]_{I,\sigma} &= I(i) \\
[\![e_0 + e_1]\!]_{I,\sigma} &= [\![e_0]\!]_{I,\sigma} + [\![e_1]\!]_{I,\sigma} \\
[\![e_0 \times e_1]\!]_{I,\sigma} &= [\![e_0]\!]_{I,\sigma} \times [\![e_1]\!]_{I,\sigma}
\end{aligned}
$$

以上の準備により，部分正当性の表明 $\{A\}c\{B\}$ の意味は，論理式を用いて以下のように定義される．

$$
\forall \sigma, \sigma' \in \mathbf{Var} \rightharpoonup \mathbf{Num}.\forall I \in \mathbf{IVar} \rightharpoonup \mathbf{Num}.
$$

$$
(\sigma, I \models A \wedge (c, \sigma) \longrightarrow^* (\mathbf{skip}, \sigma') \Rightarrow \sigma', I \models B)
$$

この論理式が成り立つとき，$\{A\}c\{B\}$ は意味的に正しいといい，$\models \{A\}c\{B\}$ と書くことにする．

演習問題 5.4 完全正当性の表明 $[A]c[B]$ の意味を論理式で表せ．

上によって定義された部分正当性 $\{A\}c\{B\}$ の意味に対して，ホーア論理の推論体系は健全かつ（相対）完全である．

> **定理 5.1**（ホーア論理の健全性） 任意の条件式 A, B, プログラム c について，$\vdash \{A\}c\{B\}$ ならば $\models \{A\}c\{B\}$ が成り立つ．

> **定理 5.2**（ホーア論理の相対完全性） 任意の条件式 A, B, プログラム c について，$\models \{A\}c\{B\}$ ならば $\vdash \{A\}c\{B\}$ が成り立つ．

健全性の証明は $\{A\}c\{B\}$ の導出と c の簡約列の長さに関する帰納法による．相対完全性の証明については参考文献 [4, 10, 17] などを参照されたい．

ここで，後者を**相対完全性**と呼ぶのは，ホーア論理の推論規則の H-Con には，$\models A$ という形の論理式の恒真性に関する仮定が用いられており，この部分の推論規則が与えられていないからである．実は，**ゲーデルの不完全性定理**により，自然数に関するある程度の算術を含む論理式の恒真性に対する健全（無矛盾）かつ完全な（かつ「帰納的可算」すなわちある意味で計算可能な）推論体系は存在しないことが知られている（例えば [16] を参照）．そこで，ホーア

論理の推論規則は,「仮に論理式の恒真性に関する推論体系が与えられれば」完全である,という意味で**相対完全**であると言う.

　ホーア論理とは全く異なる体系を考えたとしても部分正当性の表明 $\{A\}c\{B\}$ の（「相対」という修飾子のない）完全な推論体系を得ることはできない.なぜなら, $\models \{\mathbf{true}\}\mathbf{skip}\{A\}$ は $\models \mathbf{true} \Rightarrow A$, すなわち $\models A$ と同値であり,仮に $\{A\}c\{B\}$ の完全な推論体系があれば,論理式の恒真性に関する推論体系も得られることになり,ゲーデルの不完全性定理に矛盾する.なお,対象となるプログラミング言語によっては,相対完全性を満たす推論規則さえ構築できないことが知られている [3].

5.4　プログラムの半自動検証へのホーア論理の応用

　本節では,ホーア論理がプログラムの半自動検証にどのように役立つかを解説する.

　5.2 節で示したホーア論理の推論規則を注意深く見れば,部分正当性に関するかなりの部分が機械的に行えることがわかる.例えば, $\{A\}X := a\{B\}$ を証明する場合,使用できる規則は H-Assign と H-Con の 2 通りがあるが,これらの使い方を次のように限定することができる.

(1)　まず H-Assign を用い, $\{[a/X]B\}X := a\{B\}$ を得る.

(2)　次に $\models A \Rightarrow [a/X]B$ が成り立つことを確認し,H-Con を用いて $\{A\}X := a\{B\}$ を得る.

ここで,上のように規則の使い方を制限できるのは, $[a/X]B$ が,代入文 $X := a$ を実行後に B が成り立つための,必要最低限の（最も弱い）条件になっているからである.

　一般に,

　　「プログラム c を実行した後で B が成り立つための最も弱い事前条件」

を c の事後条件 B に対する**最弱事前条件**と呼ぶ.実は,while 文以外については,最弱事前条件を表す論理式 $wp(c, B)$ を以下のように簡単かつ機械的に求めることができる.

$$wp(\mathbf{skip}, B) = B$$
$$wp(X := a, B) = [a/X]B$$
$$wp(c_0; c_1, B) = wp(c_0, wp(c_1, B))$$
$$wp(\mathbf{if}\ b\ \mathbf{then}\ c_0\ \mathbf{else}\ c_1, B) =$$
$$(wp(c_0, B)\ \mathbf{and}\ b)\ \mathbf{or}\ (wp(c_1, B)\ \mathbf{and}\ \mathbf{not}(b))$$

そこで, c に while 文が含まれない場合には, $\{A\}c\{B\}$ を次のようにして導出できる.

(1) 最弱事前条件 $wp(c, B)$ を計算し, $\{wp(c, B)\}c\{B\}$ を得る.

(2) $\models A \Rightarrow wp(c, B)$ が成り立つことを確認し, 規則 H-CON を適用して $\{A\}c\{B\}$ を得る.

$wp(c, B)$ は機械的に計算できるので, 結局, $\{A\}c\{B\}$ を証明する問題は, 論理式 $A \Rightarrow wp(c, B)$ を証明する問題に帰着され, 後者は定理証明器などを用いて半自動的に証明することができる.

演習問題 5.5 プログラム c を if $0 \leq X$ then skip else $X := -X$ とする. 最弱事前条件 $wp(c, X = |n|)$ を求めよ ($|n|$ は n の絶対値を表す). また, それを用いて $\{X = n\}c\{X = |n|\}$ を導け.

プログラム c が while 文を含む場合にも, 実は最弱事前条件 $wp(c, B)$ を論理式として表現することができる [10]. したがって, 「理論的には」$\{A\}c\{B\}$ が成り立つか否かを判定する問題を, (プログラムに関する表明を含まない) ある論理式の恒真性を判定する問題に帰着することができる. しかしながら, c が while 文を含む場合には, 最弱事前条件 $wp(c, B)$ が極めて複雑になり, 実践的には (少なくとも現在の定理証明技術では) この手法を用いることができない.

そこで, ホーア論理を実際にプログラムの半自動検証に応用する際には, プログラマにループ不変条件 (規則 H-WHILE の A に相当する論理式) を記述してもらい, それを用いて最弱事前条件を近似する.

具体的には, 以下のような**注釈つきプログラム**を考える.

$$c ::= \mathbf{skip}\ |\ X := a\ |\ c_0; c_1\ |\ \mathbf{if}\ b\ \mathbf{then}\ c_0\ \mathbf{else}\ c_1\ |\ \mathbf{while}_I\ b\ \mathbf{do}\ c$$

ここで, while 文についている論理式 I が, ループ不変条件を表す.

プログラム c, および実行した後に成り立っている条件 B を入力として, 最弱事前条件 $wp(c, B)$ の近似と, 注釈の正しさを表す論理式との組を返す関数 awp を以下のように定義する.

$awp(\mathbf{skip}, B) = (B, \mathbf{true})$

$awp(X := a, B) = ([a/X]B, \mathbf{true})$

$awp(c_0; c_1, B) =$

　　$(A_0, C_0 \mathbf{\ and\ } C_1)$

　　where $(A_1, C_1) = awp(c_1, B)$ and $(A_0, C_0) = awp(c_0, A_1)$

$awp(\mathbf{if\ } b \mathbf{\ then\ } c_0 \mathbf{\ else\ } c_1, B) =$

　　$((A_0 \mathbf{\ and\ } b) \mathbf{\ or\ } (A_1 \mathbf{\ and\ not}(b)), C_0 \mathbf{\ and\ } C_1)$

　　where $(A_0, C_0) = awp(c_0, B)$ and $(A_1, C_1) = awp(c_1, B)$

$awp(\mathbf{while}_I\ b \mathbf{\ do\ } c, B) =$

　　$(I, ((I \mathbf{\ and\ } b) \Rightarrow A) \mathbf{\ and\ } ((I \mathbf{\ and\ not}(b)) \Rightarrow B) \mathbf{\ and\ } C)$

　　where $(A, C) = awp(c, I)$

上の awp を用いて, $\{A\}c\{B\}$ が成り立つための十分条件 $vc(\{A\}c\{B\})$ を次のように定義できる.

$$vc(\{A\}c\{B\}) = (A \Rightarrow A') \mathbf{\ and\ } C \text{ where } (A', C) = awp(c, B)$$

上の $vc(\{A\}c\{B\})$ を表明 $\{A\}c\{B\}$ の**検証条件** (verification condition) と呼ぶ. vc を用いれば, 注釈つきのプログラム c から $\{A\}c\{B\}$ が成り立つための十分条件を表す論理式が機械的に計算でき, その論理式を定理証明器にかければ $\{A\}c\{B\}$ が成り立つことを確かめることができる. 実際, このような方式に基づいた検証器がいくつか構成されている[4].

例 5.2 ユークリッドの互除法のプログラムに注釈をつけた以下のプログラム EUCLID′ を考えよう.

---

[4]ただし上の検証手法は 2 つの意味で完全ではない. 第一に, 人間が注釈として与えるループ不変条件が十分強いものでなければ, 本来 $\{A\}c\{B\}$ が成り立っても $vc(\{A\}c\{B\})$ が偽となってしまう場合がある. 第二に, ゲーデルの不完全性定理により, 健全かつ完全な自動定理証明器は構成することができない.

while$_{(X>0 \text{ and } Y>0 \text{ and } \gcd(X,Y)=\gcd(m,n))}$ **not**$(X = Y)$ **do**
if $X \leq Y$ then $Y := Y - X$ else $X := X - Y$

注釈部分を A とすると，検証条件

$$vc(\{X = m > 0 \text{ and } Y = n > 0\}\text{EUCLID}'\{X = \gcd(m,n)\}$$

は以下のように計算できる．[5]

$awp(\text{if } X \leq Y \text{ then } Y := Y - X \text{ else } X := X - Y, A) =$
$\quad((([Y - X/Y]A \wedge X \leq Y) \vee ([X - Y/X]A \wedge \neg(X \leq Y)), \textbf{true})$
$\quad\quad$（以下，$([Y - X/Y]A \wedge X \leq Y) \vee ([X - Y/X]A \wedge \neg(X \leq Y))$ を
$\quad\quad B$ と略記）
$awp(\text{EUCLID}', X = \gcd(m,n)) =$
$\quad(A,$
$\quad\quad((A \wedge \neg(X = Y)) \Rightarrow B) \wedge ((A \wedge \neg(\neg(X = Y))) \Rightarrow X = \gcd(m,n)))$
$vc(\{X = m > 0 \text{ and } Y = n > 0\}\text{EUCLID}'\{X = \gcd(m,n)\}) =$
$\quad((X = m > 0 \wedge Y = n > 0) \Rightarrow A) \wedge$
$\quad((A \wedge \neg(X = Y)) \Rightarrow B) \wedge$
$\quad((A \wedge \neg(\neg(X = Y))) \Rightarrow X = \gcd(m,n))$

上の $vc(\{X = m > 0 \text{ and } Y = n > 0\}\text{EUCLID}'\{X = \gcd(m,n)\})$ が成り立つことは容易に確かめることができる．

演習問題 5.6 $\models vc(\{A\}c\{B\}) \Rightarrow \models \{A\}c'\{B\}$ を示せ．ただし，c' は c から注釈を除いて得られるプログラムとする．

演習問題 5.7 演習問題 5.1 のプログラム SUM に注釈を挿入し，検証条件 $vc(\{N = n > 0\}c\{S = \sum_{k=1}^{n} k\})$ を計算せよ．

演習問題 5.8 注釈つきプログラム c，事前条件 A，事後条件 B を入力として検証条件 $vc(\{A\}c\{B\})$ を出力するプログラムを作成せよ．

---

[5]簡単のため，本書では例などにおいては **and** や **not** を用いた条件式の代わりに，$\wedge$ や $\neg$ および $\sum$ など通常の数式や論理式の記号・記法を用いることがある．

5.5 完全正当性のための推論規則

ここまでは部分正当性のためのホーア論理を考えてきたが，推論体系に若干の変更を加えるだけで完全正当性の推論体系を得ることができる．具体的には，while 文の規則のみを以下の規則で置き換える．

$$\frac{[A \text{ and } b \text{ and } (X_1,\ldots,X_k) = (i_1,\ldots,i_k)]c_0[A \text{ and } (X_1,\ldots,X_k) < (i_1,\ldots,i_k)]}{[A]\text{while } b \text{ do } c_0[A \text{ and } (\text{not}(b))]}$$

$$\text{(H-WhileTC)}$$

ただし，関係 $<$ は無限減少列が存在しないような関係（整礎関係，well-founded relation）であり，$i_1,\ldots,i_k$ は A, b に現れない整数変数とする．組 $(X_1,\ldots,X_k)$ は，4 章で解説したループ変動式を表し，追加された条件は，ループ変動式の値が，ある整礎関係 $<$ に関して単調に減少することを表す．

第6章 表示的意味論

　本章では，言語 W の**表示的意味論**を与える．表示的意味論では，プログラムの各構成要素を数学的な関数とみなす．算術式は，状態が与えられると（かつ，式に現れる変数の値が未定義でなければ）式の値である整数値が定まることから，状態の集合から整数の集合への部分関数としてとらえることができる．例えば，$X+1$ の意味は，$f(\sigma) = \sigma(X)+1$ によって定義される部分関数 f として与えることができる．一方，プログラムは，初期状態が与えられると実行が終了した場合にはそのときの状態を返す，状態の集合から状態の集合への部分関数としてとらえることができる．例えば，プログラム **Fact** を次のプログラムとして定義しよう．

$$R := 0; \textbf{while not}(N = 0) \ \textbf{do} \ (R := R \times N; N := N - 1)$$

すると，**Fact** の意味は以下によって定義される部分関数 g として与えることができる．

$$g(\sigma) = \begin{cases} \sigma\{X \mapsto \sigma(N)!, N \mapsto 0\} & \sigma(N) \geq 0 \text{ の場合} \\ \text{未定義} & \text{それ以外の場合} \end{cases}$$

ただし，$f\{x_1 \mapsto v_1, \ldots, x_n \mapsto v_n\}$ は，f の x_i の値を v_i で置き換えて得られる部分関数，すなわち $(f \setminus \{(x,y) \in f \mid x \in \{x_1, \ldots, x_n\}\}) \cup \{(x_1, v_1), \ldots, (x_n, v_n)\}$ を表す．以下では，算術式，ブール式，プログラムの意味を順に与えていく．表示的意味論の一つの興味深い点は，while 文の意味に見られるように，繰り返しや再帰に対する意味がある関数の最小不動点として与えられることである．

6.1 算術式の表示的意味

　状態の集合 $\textbf{Var} \rightharpoonup \textbf{Num}$ を $\textbf{State}$ と書くことにする．算術式 a の意味

$[\![a]\!] \in \mathbf{State} \rightharpoonup \mathbf{Num}$ は以下のように定義される.

$$[\![n]\!]\sigma = n$$
$$[\![X]\!]\sigma = \sigma(X)$$
$$[\![a_0 + a_1]\!]\sigma = [\![a_0]\!]\sigma + [\![a_1]\!]\sigma$$
$$[\![a_0 \times a_1]\!]\sigma = [\![a_0]\!]\sigma \times [\![a_1]\!]\sigma$$

上で着目してもらいたいのが,各式の意味がその部分式の意味を用いて定義されているという点である.このように,表示的意味論では,プログラムの各構成要素の意味を,その部分構成要素の意味を用いて**合成的**に定める.

上の定義は,関数が 2 項関係の特殊な場合であったことを思い出せば,以下のように書くこともできる.

$$[\![n]\!] = \{(\sigma, n) \mid \sigma \in \mathbf{State}\}$$
$$[\![X]\!] = \{(\sigma, \sigma(X)) \mid \sigma \in \mathbf{State}\}$$
$$[\![a_0 + a_1]\!] = \{(\sigma, n_0 + n_1) \mid (\sigma, n_0) \in [\![a_0]\!] \wedge (\sigma, n_1) \in [\![a_1]\!]\}$$
$$[\![a_0 \times a_1]\!] = \{(\sigma, n_0 \times n_1) \mid (\sigma, n_0) \in [\![a_0]\!] \wedge (\sigma, n_1) \in [\![a_1]\!]\}$$

6.2　ブール式の表示的意味

ブール式 b の意味 $[\![b]\!] \in \mathbf{State} \rightharpoonup \mathbf{Bool}$ は以下のように定義される.

$$[\![\mathbf{true}]\!]\sigma = \mathbf{true}$$

$$[\![a_0 \le a_1]\!]\sigma = \begin{cases} \mathbf{true} & [\![a_0]\!]\sigma \le [\![a_1]\!]\sigma \text{ の場合} \\ \mathbf{false} & \text{それ以外の場合} \end{cases}$$

$$[\![\mathbf{not}(b)]\!]\sigma = \begin{cases} \mathbf{true} & [\![b]\!]\sigma = \mathbf{false} \text{ の場合} \\ \mathbf{false} & \text{それ以外の場合} \end{cases}$$

$$[\![b_0 \text{ and } b_1]\!]\sigma = \begin{cases} \mathbf{true} & [\![b_0]\!]\sigma = [\![b_1]\!]\sigma = \mathbf{true} \text{ の場合} \\ \mathbf{false} & \text{それ以外の場合} \end{cases}$$

6.3　プログラムの意味

冒頭で述べたように,プログラム c の意味 $[\![c]\!] \in \mathbf{State} \rightharpoonup \mathbf{State}$ は,初期

状態を終了状態に写す部分関数としてとらえることができる．初期状態によっ
ては停止しない場合もあることから，（未定義の変数がなくても）必ずしも全
関数ではなく**部分関数**であることに注意してほしい．while 文以外の意味は以
下のように容易に定義できる．

$$[\![\mathbf{skip}]\!] = \{(\sigma, \sigma) \mid \sigma \in \mathbf{State}\}$$
$$[\![X := a]\!] = \{(\sigma, \sigma\{X \mapsto [\![a]\!]\sigma\}) \mid \sigma \in \mathbf{State}\}$$
$$[\![c_0; c_1]\!] = [\![c_1]\!] \circ [\![c_0]\!]$$
$$[\![\mathbf{if}\ b\ \mathbf{then}\ c_0\ \mathbf{else}\ c_1]\!] =$$
$$\{(\sigma, \sigma') \in [\![c_0]\!] \mid [\![b]\!]\sigma = \mathbf{true}\} \cup \{(\sigma, \sigma') \in [\![c_1]\!] \mid [\![b]\!]\sigma = \mathbf{false}\}$$

では，while 文 **while** b **do** c の意味はどのように定義したらよいであろう
か？　6.1 節で述べたように，表示的意味論の特徴は，各要素の意味をその部
分構成要素の意味を用いて定義することである．したがって，$[\![\mathbf{while}\ b\ \mathbf{do}\ c]\!]$
も $[\![b]\!]$ および $[\![c]\!]$ を用いて $G([\![b]\!], [\![c]\!])$ の形（ここで，G は b, c によらない関
数）で表現したい．

そこで，while 文 **while** b **do** c を，以下のような while 文を用いないプログ
ラム列で「近似」することを考えよう．

$$d_0 \stackrel{\triangle}{=} \mathbf{while\ true\ do\ skip}$$
$$d_1 \stackrel{\triangle}{=} \mathbf{if}\ b\ \mathbf{then}\ c; d_0\ \mathbf{else\ skip}$$
$$d_2 \stackrel{\triangle}{=} \mathbf{if}\ b\ \mathbf{then}\ c; d_1\ \mathbf{else\ skip}$$
$$\cdots$$
$$d_n \stackrel{\triangle}{=} \mathbf{if}\ b\ \mathbf{then}\ c; d_{n-1}\ \mathbf{else\ skip}$$

d_0 は無条件に停止しないプログラム，d_1 は while の条件部を 1 回だけ評価
して **false** なら停止しないプログラム，d_n は while の条件部を高々 n 回だけ
評価するプログラムである．したがって，元の while 文 **while** b **do** c が高々
$n-1$ 回の繰り返しで停止するならば，d_n も停止して同じ終了状態を返す．し
たがって，while 文の意味は，以下のように表すことができる．

$$[\![\mathbf{while}\ b\ \mathbf{do}\ c]\!] = \bigcup_{n \in \mathbf{Nat}} [\![d_n]\!]$$

ここで，

$$\llbracket d_n \rrbracket = \llbracket \textbf{if } b \textbf{ then } c; d_{n-1} \textbf{ else skip} \rrbracket$$
$$= \{(\sigma, \sigma') \in \llbracket c; d_{n-1} \rrbracket \mid \llbracket b \rrbracket \sigma = \textbf{true}\} \cup$$
$$\{(\sigma, \sigma') \in \llbracket \textbf{skip} \rrbracket \mid \llbracket b \rrbracket \sigma = \textbf{false}\}$$
$$= \{(\sigma, \sigma') \in \llbracket d_{n-1} \rrbracket \circ \llbracket c \rrbracket \mid \llbracket b \rrbracket \sigma = \textbf{true}\} \cup \{(\sigma, \sigma) \mid \llbracket b \rrbracket \sigma = \textbf{false}\}$$

であるから,

$$F(f) = \{(\sigma, \sigma') \in f \circ \llbracket c \rrbracket \mid \llbracket b \rrbracket \sigma = \textbf{true}\} \cup \{(\sigma, \sigma) \mid \llbracket b \rrbracket \sigma = \textbf{false}\}$$

とおけば,

$$\llbracket \textbf{while } b \textbf{ do } c \rrbracket = \bigcup_{n \in \textbf{Nat}} F^n(\emptyset)$$

と表すことができる. このように定義した $\llbracket \textbf{while } b \textbf{ do } c \rrbracket$ が **State** から **State** への部分関数であることは以下の補題から導かれる.

$\boxed{\text{補題 6.1}}$　$F \in (\textbf{State} \rightharpoonup \textbf{State}) \rightarrow (\textbf{State} \rightharpoonup \textbf{State})$ かつ F が単調ならば, $\bigcup_{n \in \textbf{Nat}} F^n(\emptyset) \in \textbf{State} \rightharpoonup \textbf{State}$ が成り立つ.

証　明

$\bigcup_{n \in \textbf{Nat}} F^n(\emptyset) \subseteq \textbf{State} \times \textbf{State}$ は明らかなので, $(\sigma, \sigma_1), (\sigma, \sigma_2) \in \bigcup_{n \in \textbf{Nat}} F^n(\emptyset)$ ならば $\sigma_1 = \sigma_2$ が成り立つことを示せばよい. $(\sigma, \sigma_1), (\sigma, \sigma_2) \in \bigcup_{n \in \textbf{Nat}} F^n(\emptyset)$ であると仮定する. すると, ある n_1, n_2 について $(\sigma, \sigma_1) \in F^{n_1}(\emptyset)$, $(\sigma, \sigma_2) \in F^{n_2}(\emptyset)$ が成り立つ. ここで, $\emptyset \subseteq F(\emptyset)$ および F の単調性より, 任意の n について $F^n(\emptyset) \subseteq F^{n+1}(\emptyset)$ が成り立つことに注意する. $n = \max(n_1, n_2)$ とすると, $(\sigma, \sigma_1), (\sigma, \sigma_2) \in F^n(\emptyset)$ が成り立つ. $F \in (\textbf{State} \rightharpoonup \textbf{State}) \rightarrow (\textbf{State} \rightharpoonup \textbf{State})$ より $F^n(\emptyset)$ は部分関数なので, $\sigma_1 = \sigma_2$ が成り立つ. ∎

$F \in (\textbf{State} \rightharpoonup \textbf{State}) \rightarrow (\textbf{State} \rightharpoonup \textbf{State})$ は $\llbracket b \rrbracket$ および $\llbracket c \rrbracket$ のみから定まる関数なので, **while** b **do** c の意味は確かに $\llbracket b \rrbracket$ および $\llbracket c \rrbracket$ を用いて定めることができた.

なお, 上の $\bigcup_{n \in \textbf{Nat}} F^n(\emptyset)$ は関数 F の**最小不動点**になっている. ここで, 部分関数同士の順序関係は, それらを 2 項関係としてみたときの集合の包含関係で考える.

定理 6.2 上で定義した関数 F について，以下が成り立つ．

(1) $F(\bigcup_{n \in \mathbf{Nat}} F^n(\emptyset)) = \bigcup_{n \in \mathbf{Nat}} F^n(\emptyset)$.

(2) $F(f) = f$ を満たす任意の $f \in \mathbf{State} \rightharpoonup \mathbf{State}$ について $\bigcup_{n \in \mathbf{Nat}} F^n(\emptyset) \subseteq f$.

証　明

(1) 逆向きは明らかなので $F(\bigcup_{n \in \mathbf{Nat}} F^n(\emptyset)) \subseteq \bigcup_{n \in \mathbf{Nat}} F^n(\emptyset)$ のみ示す．$(\sigma, \sigma') \in F(\bigcup_{n \in \mathbf{Nat}} F^n(\emptyset))$ が成り立つと仮定すると，F の定義より，以下のいずれかが成り立つ．

- $(\sigma, \sigma') \in (\bigcup_{n \in \mathbf{Nat}} F^n(\emptyset)) \circ [\![c]\!]$ かつ $[\![b]\!]\sigma = \mathbf{true}$.
- $\sigma' = \sigma$ かつ $[\![b]\!]\sigma = \mathbf{false}$.

後者の場合は，ただちに $(\sigma, \sigma') \in F(\emptyset) \subseteq \bigcup_{n \in \mathbf{Nat}} F^n(\emptyset)$ が成り立つ．前者の場合，ある σ'' について，$(\sigma, \sigma'') \in [\![c]\!]$ かつ $(\sigma'', \sigma') \in \bigcup_{n \in \mathbf{Nat}} F^n(\emptyset)$ が成り立つ．最後の条件より，ある n について $(\sigma'', \sigma') \in F^n(\emptyset)$ が成り立つ．よって，再び F の定義より $(\sigma, \sigma') \in F(F^n(\emptyset)) \subseteq \bigcup_{n \in \mathbf{Nat}} F^n(\emptyset)$ が成り立つ．

(2) F の単調性および $\emptyset \subseteq f$ より，$F^n(\emptyset) \subseteq F^n(f)$．$F(f) = f$ より $F^n(f) = f$ なので $F^n(\emptyset) \subseteq f$，ゆえに $\bigcup_{n \in \mathbf{Nat}} F^n(\emptyset) \subseteq f$ が成り立つ．

■

　上の定理より，不動点演算子を $\mathbf{lfp_{State \rightharpoonup State}} \in ((\mathbf{State} \rightharpoonup \mathbf{State}) \rightarrow (\mathbf{State} \rightharpoonup \mathbf{State})) \rightharpoonup (\mathbf{State} \rightharpoonup \mathbf{State})$ と書くことにすると

$$[\![\mathbf{while}\ b\ \mathbf{do}\ c]\!] = \mathbf{lfp}(F)$$

と表すこともできる．実は，本章で考えている言語 $\mathcal{W}$ に限らず，多くのプログラミング言語における繰り返しや再帰の意味は，ある関数の最小不動点として表現することができる．例えば，多くの言語では，関数定義

$$f\ x = e$$

で式 e 中に f 自身が出現することを許す．補助的に，再帰を用いない関数定義：

$$F \; f \; x = e$$

によって定義される F を考えれば,f の定義は

$$f = F \; f$$

と書き換えることができる.したがって,f の意味 $[\![f]\!]$ は,等式 $[\![f]\!] = [\![F]\!]([\![f]\!])$ を満たす最小の $[\![f]\!]$,すなわち $[\![F]\!]$ の最小不動点として定義することができる.

なお,上の言語 $\mathcal{W}$ の表示的意味論ではプログラムの意味を状態から状態への部分関数としてとらえたが,一般のプログラミング言語では,そもそも各式の意味をどのような数学的対象としてとらえるべきかが自明でない場合が多い.例えば,多くの関数型言語では,関数自身も通常の値として他の関数の引数や返り値となりうる.したがって,「値」の集合 **Val** は,

$$\mathbf{Val} \approx \mathbf{Num} + (\mathbf{Val} \to \mathbf{Val}) + \cdots$$

という等式(ただし $\approx$ は集合間の同型関係とする)を満たすことが期待されるが,集合の濃度の議論からこれを満たす **Val** はあり得ない.この問題を回避するためには,関数の集合 **Val** $\to$ **Val** を,計算可能な関数に制限すればよい.このように,一般のプログラミング言語の表示的意味論を与えるためには,まず,各式の意味を解釈する領域に関する再帰方程式を解く必要がある.詳しくは参考文献 [10] などを参照されたい.

演習問題 6.1 冒頭で取り上げたプログラム中の while 文

$$\mathbf{while} \; \mathbf{not}(N = 0) \; \mathbf{do} \; (R := R \times N; N := N - 1)$$

について,上の関数 F を与え,$F(\emptyset)$,$F^2(\emptyset)$,$F^3(\emptyset)$ を計算してみよ.

演習問題 6.2 操作的意味と表示的意味が一致すること,すなわち任意のプログラム c,状態 σ,σ' について $(c, \sigma) \longrightarrow^* (\mathbf{skip}, \sigma')$ と $(\sigma, \sigma') \in [\![c]\!]$ が同値であることを確かめよ.

第7章 λ 計 算

前章までは，制御構造が if 文と while 文だけからなる単純なプログラミング言語を考えてきたが，実際のプログラミング言語には再帰関数，高階関数，オブジェクトなど，より高レベルな機能が備わっている．本章では，そのような高レベルプログラミング言語の基本モデルとして使われることの多い **λ 計算**（λ-calculus）を取り上げる．λ 計算は，もともとはチャーチによって数学を定式化するために提唱された．この試みは必ずしも成功したとは言えないが，現在ではコンピュータサイエンスにおいて計算可能性の議論やプログラミング言語の基本モデルなどとして極めて重要な役割を果たしている．本章では，λ 計算の基本的な性質およびそのプログラミング言語との関係について述べる．証明を含めた λ 計算についての詳細は専門書 [2, 13] を参照されたい．

7.1 構 文

λ 計算の特徴は，関数のみからなる極めて簡潔な計算系を記述しながらも豊かな表現力を持つことにある．

項（**λ 項**）の集合は以下の構文によって定義される．

$$M ::= x \mid \lambda x.M \mid M_1 M_2$$

ここで，x は変数を表すメタ変数である．項 $\lambda x.M$ は **λ 抽象**（λ-abstraction）と呼ばれ，x を入力として M の値を返す関数を表す．このとき，λx は（M の中の）変数 x を**束縛**すると言う．例えば通常の数学では「1 を加える関数」は「$f(x) = x + 1$ によって定義される関数 f」のように記述するが，λ 計算ではこれを $\lambda x.x + 1$ と書く．（自然数やそれに関する演算 "+" は上記の構文には含まれないが，後述するようにこれらも λ 項を用いて表現することができるので，以下，例を示す際にはそれらも用いる場合がある．）これによって，関数

に対する簡潔な記述を可能にすると同時に,「関数名」という意味のない差異
(上の「$f(x) = x + 1$ によって定義される関数 f」の代わりに「$g(x) = x + 1$
によって定義される関数 g」と述べても同じ関数を表すことに注意されたい)
を取り除くことができる. 項 $M_1 M_2$ は**関数適用**(application)と呼ばれ,関
数 M_1 を引数 M_2 に適用することを表す. 例えば,$(\lambda x.x + 1)2$ は,1 を加え
る関数 $\lambda x.x + 1$ を 2 に適用することを表すので,$(\lambda x.x + 1)2$ は 3 と等しいと
考えられる(「等しさ」の概念は後述する).

　　(関数しかない世界なので当然のことではあるが)λ 計算では,関数を引数
にとったり関数を返す関数を表現することができる. 例えば,$\lambda f.\lambda x.f(f(x))$
は,関数 f を引数にとり,$\lambda x.f(f(x))$ という「関数 f を 2 回適用する関数」
を返す関数を表す. $\lambda x.\lambda y.x$ は,x の値を受け取り,「どのような引数 y が与え
られても x を返す定数関数」を返す関数を表す.

　記法に関する約束

　　上の $(\lambda x.x + 1)2$ においては,$(\lambda x.(x + 1))2$ と $\lambda x.((x + 1)2)$,$\lambda x.(x + (12))$
などを区別するために括弧を用いた. 一般にはそのような括弧を多用すると記
述が煩雑になるため,λ 抽象と適用の結合の仕方について以下のような約束事
をもうける.

- 適用は左結合である. したがって $M_1 M_2 M_3$ は $(M_1 M_2)M_3$ を表す.
- λ 抽象よりも適用の方が結合力が強い. したがって $\lambda x.M_1 M_2$ は
  $\lambda x.(M_1 M_2)$ を表す.

上の約束に従えば,$\lambda x.x\lambda x.x\lambda x.x$ は $\lambda x.(x\lambda x.(x\lambda x.x))$ を表す.

　α　同　値　性

　　上の構文の定義では,λ 抽象を用いることによって関数名による差異を排除
しているが,引数の名前による違いは排除していない. 例えば,$\lambda x.x$ と $\lambda y.y$
はともに恒等関数を表すはずであるが,字面上は別の λ 項になっている. そこ
で,これらの区別を排除するために **α 同値性**(α-equivalence)という概念を
導入する. 上のように,ある λ 項 M の λ 抽象によって束縛される変数名を別
のものにおきかえて λ 項 N が得られるとき,M と N は **α 同値**であるとい
い,$M \equiv_\alpha N$ と書く.

　　α 同値性の正確な定義のために,まず**束縛変数**と**自由変数**の概念を定義する.

束縛変数は，ある λ 抽象によって束縛される変数を指し，それ以外の変数を自由変数と呼ぶ．λ 項 M に対して束縛変数の集合 $BV(M)$ および自由変数の集合 $FV(M)$ は以下のように定義される．

$$
\begin{aligned}
BV(x) &= \emptyset \\
BV(\lambda x.M) &= BV(M) \cup \{x\} \\
BV(MN) &= BV(M) \cup BV(N) \\
FV(x) &= \{x\} \\
FV(\lambda x.M) &= FV(M) \setminus \{x\} \\
FV(MN) &= FV(M) \cup FV(N)
\end{aligned}
$$

M 中の自由変数 x を y で置き換えてえられる項を $\{y/x\}M$ と書くことにすると，関係 $\{y/x\}M = N$ は以下のように定義される．

$$
\{y/x\}z = \begin{cases} y & z = x \text{ のとき} \\ z & \text{それ以外のとき} \end{cases}
$$

$$
\{y/x\}\lambda z.M = \begin{cases} \lambda z.M & z = x \text{ のとき} \\ \lambda z.\{y/x\}M & z \notin \{x,y\} \text{ のとき} \\ \lambda w.\{y/x\}\{w/z\}M & z = y \text{ のとき．} w \text{ は } x,y \text{ と異なり，かつ } M \text{ に現れない変数} \end{cases}
$$

$$
\{y/x\}(MN) = (\{y/x\}M)(\{y/x\}N)
$$

また，λ 項の**文脈**の集合を以下によって定義する．

$$
C ::= [\,] \mid \lambda x.C \mid C\,M \mid M\,C
$$

つまり，文脈 C は，ある λ 項 M の部分項の一つを $[\,]$ で置き換えたものである．C の $[\,]$ を M で置き換えて得られる λ 項を $C[M]$ と書く．

以上を用いて，α 同値性 $\equiv_\alpha$ とは，以下の規則を満たす最小の関係として定義される．

$$
\frac{y \notin FV(M)}{\lambda x.M \equiv_\alpha \lambda y.\{y/x\}M}
$$

$$
\frac{M \equiv_\alpha N}{C[M] \equiv_\alpha C[N]}
$$

$$\overline{M \equiv_\alpha M}$$

$$\frac{M' \equiv_\alpha M}{M \equiv_\alpha M'}$$

$$\frac{M \equiv_\alpha M'' \qquad M'' \equiv_\alpha M'}{M \equiv_\alpha M'}$$

言い方を変えれば，$\equiv_\alpha$ とは上の最初の規則を満たす最小の合同関係（同値関係であり，かつ任意の構成子に関して関係が保存されるもの）である．なお，最初の規則において条件 $y \notin FV(M)$ がないと，$\lambda x.y \equiv_\alpha \lambda y.y$ などが導けてしまうことに注意してほしい．

　以下では，互いに α 同値であるような 2 つの項は同一視する．つまり，構文で字面上定義された λ 項の集合を **Terms** とすると，以下で実際に考える「λ項」とは厳密には **Terms**$/\equiv_\alpha$ の要素（同値関係 $\equiv_\alpha$ に関する同値類）を指すものと考えるべきである．

7.2　代 入 と 簡 約

　本節では λ 計算における計算を表す簡約の概念を定義する．λ 計算は関数のみからなっている体系なので，計算は関数呼び出し，すなわち関数適用 $(\lambda x.M)N$ が与えられたときに，関数の本体 M 中の仮引数 x を実引数 N で置き換える操作，$(\lambda x.M)N \longrightarrow [N/x]M$ という書き換えが基本となる計算ステップであり，これを **β 簡約**（β-reduction）と呼ぶ．例えば，$(\lambda f.f(f(x)))\lambda x.x$ は以下のように簡約される（書き換えの対象となる部分を下線で表す）．

$$\underline{(\lambda f.f(f(y)))\lambda x.x} \longrightarrow (\lambda x.x)(\underline{(\lambda x.x)y}) \longrightarrow \underline{(\lambda x.x)y} \longrightarrow y$$

β 簡約を定義するためには，まず上でも用いた $[N/x]M$ を定義する．これは，M 中の自由変数 x を N で置き換えて得られる項を表し，この項についての演算 $[N/x]$ を**代入**と呼ぶ．代入には以下のような注意が必要である．

- 代入の対象となるのは，「自由」変数のみである．例えば，$M = x(\lambda x.x)$ の場合，$\lambda x.x$ 中の x は束縛されていて外からは見えないので，$[N/x]M =$

$N(\lambda x.x)$ である.

- N 中に自由変数があるときには,それが M 中の束縛変数と混同されないようにしなければならない.例えば,$[y/x](\lambda y.x)$ において単純に x を y で置き換えると $\lambda y.y$ が得られてしまうが,それでは $(\lambda x.\lambda y.x)y \longrightarrow [y/x](\lambda y.x) = \lambda y.y$ となってしまい,意味的におかしい(関数 $\lambda x.\lambda y.x$ の返り値は任意の y を受け取って常に x の値を返す定数関数のはずなのに,$\lambda y.y$ という恒等関数を返すことになってしまう).そこで,N 中の自由変数と M 中の束縛変数が衝突する場合には,あらかじめ M 中の束縛変数のつけかえを行うことが必要となる.上の例では,代入 $[y/x]$ を $\lambda y.x$ を施す前に $\lambda y.x$ の変数 y を別の名前(例えば z)におきかえて $\lambda z.x$ とし,その後に代入を施して $\lambda z.y$ とする.

以上を踏まえ,代入の定義は以下のように与えられる.

$$[N/x]z = \begin{cases} N & z = x \text{ のとき} \\ z & \text{それ以外のとき} \end{cases}$$

$$[N/x]\lambda z.M = \begin{cases} \lambda z.M & z = x \text{ のとき} \\ \lambda z.[N/x]M & z \neq x \text{ かつ } z \notin FV(N) \text{ のとき} \end{cases}$$

$$[N/x](M_1 M_2) = ([N/x]M_1)([N/x]M_2)$$

上の $[N/x]\lambda z.M$ の定義で $z \neq x$ かつ $z \in FV(N)$ の場合が定義されていないが,これはその場合には未定義ではなく,$z \neq x$ かつ $z \notin FV(N)$ が満たされるように束縛変数 z の名前をつけかえた上で代入を施すという意味である.この操作を明示的に書けば,$z \neq x$ かつ $z \in FV(N)$ の場合は以下によって定義される.

$$[N/x]\lambda z.M = \lambda y.[N/x]\{y/z\}M \quad (\text{ただし } y \notin FV(M) \cup FV(N))$$

補足 7.1 前節の終わりに,λ 項とは,字面上の λ 項の $\equiv_\alpha$ に関する同値類を表すと述べたが,上の代入の定義のように,代表元の選び方に注意を払わなければならないことが多い.また,厳密には各演算が α 同値性を保存することを逐一確かめる必要がある.これを避けつつ厳密な議論を展開するために,束縛や変数の概念を見直す提案がなされている [5, 8, 9].

上の代入の定義を用い,β 簡約関係 $\longrightarrow_\beta$ は以下の規則によって定義される.

$$C[(\lambda x.M)N] \longrightarrow_\beta C[[N/x]M]$$

β 簡約 $\longrightarrow_\beta$ の反射推移閉包を $\longrightarrow_\beta^*$ と書く．$M \longrightarrow_\beta N$ を満たす N が存在しないとき，$M \not\longrightarrow_\beta$ と書く．また，$\longrightarrow_\beta$ を含む最小の同値関係を $=_\beta$ と書き，**β 同値関係**と呼ぶ.

β 簡約の対象となる部分 $(\lambda x.M)N$ を **β 簡約基**（β-redex）と呼び，β 簡約基を持たない λ 項，つまり $M \longrightarrow_\beta N$ を満たす N が存在しないような項 M を **β 正規形**（β-normal form）と呼ぶ．$M \longrightarrow_\beta^* N \not\longrightarrow_\beta$ のとき，「N は M の β 正規形である」と言う．次の定理は，各 λ 項が，β 正規形を（α 同値性に関して）高々一つしか持たないことを表す.

定理 7.1（**β 正規形の一意性**）　$M \longrightarrow_\beta^* N \not\longrightarrow_\beta$ かつ $M \longrightarrow_\beta^* N' \not\longrightarrow_\beta$ ならば $N \equiv_\alpha N'$ が成り立つ.

上の定理は，以下のチャーチ-ロッサーの定理から導かれる（下では定理 7.1 との対応から結論部に $\equiv_\alpha$ を加えたが，α 同値な λ 項を同一視するという約束に従って「$N_1 \longrightarrow_\beta^* N_3$ かつ $N_2 \longrightarrow_\beta^* N_3$」と書くのが普通である.）

定理 7.2（**チャーチ-ロッサーの定理**）　$M \longrightarrow_\beta^* N_1$ かつ $M \longrightarrow_\beta^* N_2$ ならば，ある N_3 が存在して $N_1 \longrightarrow_\beta^* \equiv_\alpha N_3$ かつ $N_2 \longrightarrow_\beta^* \equiv_\alpha N_3$ が成り立つ.

定理 7.1 は β 正規形が簡約順序に依存しないことを意味しており，λ 項が「関数」を表すとみなせるための基本的かつ重要な性質である．なお，λ 項の簡約が停止するか否かは簡約順序に依存することに注意してほしい．例えば，$\Omega = (\lambda x.xx)(\lambda x.xx)$ という項を考えると

$$\Omega \longrightarrow_\beta \Omega \longrightarrow_\beta \Omega \longrightarrow_\beta \cdots$$

という無限簡約列が存在するので，$(\lambda y.z)\Omega$ も

$$(\lambda y.z)\underline{\Omega} \longrightarrow_\beta (\lambda y.z)\underline{\Omega} \longrightarrow_\beta (\lambda y.z)\underline{\Omega} \longrightarrow_\beta \cdots$$

という無限簡約列を持つ．しかしながら，β 簡約基として $(\lambda y.z)\Omega$ を選択すれば

$$\underline{(\lambda y.z)\Omega} \longrightarrow_\beta z$$

と 1 ステップで簡約が停止する.

η 簡 約

λ計算の任意の項が関数を表すことを考慮すると，$x \notin FV(M)$ のとき，$\lambda x.M\,x$ と M は同値であると考えることができる．実際，関数に対する唯一の操作である適用を $\lambda x.M\,x$ に対して行うと

$$(\lambda x.M\,x)N \longrightarrow_\beta M\,N$$

となり，M を N に適用した結果 $M\,N$ と β 同値になる．そこで，任意の文脈 C について

$$C[\lambda x.M\,x] \equiv_\eta C[M] \ (\text{if } x \notin FV(M))$$

を満たす最小の同値関係 $\equiv_\eta$ を η 同値性と呼ぶ．また，$C[\lambda x.M\,x]$ を $C[M]$ に置き換える操作を **η 簡約**，逆に $C[M]$ を $C[\lambda x.M\,x]$ に置き換える操作を **η 展開**と呼ぶ．

7.3 λ計算の表現力

本節では，変数，λ抽象，適用というたった3つのプリミティブしか持たないλ計算が，プログラミング言語として十分な表現能力を持つことを確認する．

7.3.1 基本データの表現

ブール値や自然数などの基本データは，関数として表現することができる．表現方法はいろいろあり得るが，ここではチャーチエンコーディング（Church encoding）と呼ばれる表現方法を紹介する．基本的なアイデアは，ブール値の集合や自然数の集合の要素は有限個の構成子から構築することができるので，各値をそれらの構成子を受け取って対応する値を返す関数として表現することである．

例えばブール値の場合，構成子は **true**, **false** の2つがあるので，**true** は **true** の構成子と **false** の構成子をこの順で受け取って前者を返す関数，すなわち

$$\lceil \mathbf{true} \rceil \triangleq \lambda t.\lambda f.t$$

と表現できる．**false** は同様に

$$\lceil \mathbf{false} \rceil \triangleq \lambda t.\lambda f.f$$

と表現できる．上で書いたように式 v の λ 項による表現を $\lceil v \rceil$ と書くことにするが，混乱のないときは，しばしば $\lceil \cdot \rceil$ を省略することにする．

自然数の場合，構成子は 0 および後者関数（successor）からなるので，自然数 n は

$$\lceil n \rceil \triangleq \lambda s.\lambda z.\underbrace{s(s(\cdots s(z)\cdots))}_{n}$$

と表現できる．特殊な場合として，$\lceil 0 \rceil = \lambda s.\lambda z.z$，$\lceil 1 \rceil = \lambda s.\lambda z.s\, z$ となる．

さて，上のようにブール値や自然数の各値が表現できたとしても，それらに関する演算が表現できなければ意味がない．幸いなことに上のような表現を用いると各演算も容易に表現できる[1]．まず，ブール値に関する条件分岐は以下のように表現できる．

$$\lceil \mathbf{if}\ e_0\ \mathbf{then}\ e_1\ \mathbf{else}\ e_2 \rceil = \lceil e_0 \rceil\ \lceil e_1 \rceil\ \lceil e_2 \rceil$$

実際，

$$\lceil \mathbf{if}\ \mathbf{true}\ \mathbf{then}\ e_1\ \mathbf{else}\ e_2 \rceil = (\lambda t.\lambda f.t)\ \lceil e_1 \rceil\ \lceil e_2 \rceil \longrightarrow^* \lceil e_1 \rceil$$
$$\lceil \mathbf{if}\ \mathbf{false}\ \mathbf{then}\ e_1\ \mathbf{else}\ e_2 \rceil = (\lambda t.\lambda f.f)\ \lceil e_1 \rceil\ \lceil e_2 \rceil \longrightarrow^* \lceil e_2 \rceil$$

となる．条件分岐を用いれば **and**，**not** などのブール演算子も表現できるが，それらを直接表現すると以下のようになる．

$$\lceil \mathbf{and} \rceil \triangleq \lambda b_1.\lambda b_2.b_1\ b_2\ \lceil \mathbf{false} \rceil$$
$$\lceil \mathbf{not} \rceil \triangleq \lambda b.b\ \lceil \mathbf{false} \rceil\ \lceil \mathbf{true} \rceil$$

次に自然数の演算を表現してみよう．まず，0 であるか否かの判定を行う演算子 **iszero** は以下のように定義できる．

$$\lceil \mathbf{iszero} \rceil \triangleq \lambda n.n(\lambda b.\lceil \mathbf{false} \rceil)\ \lceil \mathbf{true} \rceil$$

これは，自然数 $\lceil n \rceil$ が関数 s と値 z を受け取って s を n 回 z に適用するということを用いており，z として $\lceil \mathbf{true} \rceil$ を，s として常に **false** を返す定数関数

---

[1] ただし後で述べるように自然数の前者関数の表現には少し工夫を要する．

を与えることによって，$n = 0$ にかぎって **true** を，それ以外の場合は **false** を返すという性質を実現している．

次に算術演算を考えよう．足し算は以下のように表現できる．

$$\lceil \textbf{plus} \rceil \overset{\triangle}{=} \lambda m. \lambda n. \lambda s. \lambda z. m \, s \, (n \, s \, z)$$

実際，m, n としてそれぞれ自然数 m, n の表現が与えられたとすると，$n \, s \, z$ の部分が $\underbrace{s(s(\cdots s(z) \cdots))}_{\text{n}}$ となるので $m \, s \, (n \, s \, z)$ の部分は

$$\underbrace{s(s(\cdots s(\underbrace{s(s(\cdots s(z) \cdots)))}_{\text{n}} \cdots))}_{\text{m}}$$

すなわち $s^{\text{m+n}}(z)$ となる．

演習問題 7.1 $\lceil \textbf{plus} \rceil \lceil 1 \rceil \lceil 2 \rceil$ を簡約し，結果が $\lceil 3 \rceil$ となることを確認せよ．

足し算を用いれば，掛け算 **mult** および冪乗 **exp**（$\textbf{exp} \, m \, n = m^n$）も容易に表現できる[2]．

$$\lceil \textbf{mult} \rceil \overset{\triangle}{=} \lambda m. \lambda n. n (\lceil \textbf{plus} \rceil \, m) \lceil 0 \rceil$$
$$\lceil \textbf{exp} \rceil \overset{\triangle}{=} \lambda m. \lambda n. n (\lceil \textbf{mult} \rceil \, m) \lceil 1 \rceil$$

演習問題 7.2 上の定義に基づくと $\lceil \textbf{exp} \rceil \lceil 0 \rceil \lceil 0 \rceil$ は何になるか？

引き算は前者関数 **pred** の表現が与えられれば以下のように定義できる．

$$\lceil \textbf{minus} \rceil \overset{\triangle}{=} \lambda m. \lambda n. n \lceil \textbf{pred} \rceil \lceil m \rceil$$

ただし **pred**, **minus** は自然数上の演算で以下のように定義されるものとする

$$\textbf{pred} \, n = \begin{cases} 0 & n = 0 \text{ のとき} \\ m & n = m + 1 \text{ のとき} \end{cases}$$

$$\textbf{minus} \, m \, n = \begin{cases} 0 & m \le n \text{ のとき} \\ m - n & m > n \text{ のとき} \end{cases}$$

---

[2]ちなみに，掛け算と冪乗は以下のように **plus** を用いないで簡潔に表現することもできる．

$$\lceil \textbf{mult} \rceil' \overset{\triangle}{=} \lambda m. \lambda n. \lambda s. n (m s) \qquad \lceil \textbf{exp} \rceil' \overset{\triangle}{=} \lambda m. \lambda n. n \, m$$

足し算よりも冪乗の方が実は簡単に表現できるのが面白い．

前者関数の表現 $\lceil\mathbf{pred}\rceil$ を与えるには，もう少し準備が必要なので，7.3.2 項で説明する．

7.3.2 直 積 と 直 和

次に，データの集合 A, B の要素の表現がすでに与えられたときに直積 $A \times B$ の要素（つまり A, B の要素の組）や直和 $A + B$ の要素の表現を考えよう．

組 (a,b) は，そこから a, b の要素が取り出せればよい．そこで，a, b にアクセスする関数 f を受け取って f に a, b を渡す関数

$$\lambda f.f \lceil a\rceil \lceil b\rceil$$

として表現することができる．したがって，組の構成子 **pair** は以下のように定義できる．

$$\mathbf{pair} \stackrel{\triangle}{=} \lambda x.\lambda y.\lambda f.f\,x\,y$$

組から要素を取り出すには，f としてそれぞれ対応する要素を取り出す関数を与えてやればよい．したがって，一番目，二番目の要素を取り出す演算子 **fst**, **snd** は以下のように定義できる．

$$\lceil\mathbf{fst}\rceil \stackrel{\triangle}{=} \lambda p.p(\lambda x.\lambda y.x) \qquad \lceil\mathbf{snd}\rceil \stackrel{\triangle}{=} \lambda p.p(\lambda x.\lambda y.x)$$

演習問題 7.3 $\lceil\mathbf{fst}\rceil(\lceil\mathbf{pair}\rceil M_1 M_2) \longrightarrow^*_\beta M_1$ となることを確認せよ．

次に直和型 $A + B = \{\mathbf{inl}(a) \mid a \in A\} \cup \{\mathbf{inr}(b) \mid b \in B\}$ の要素を表現してみよう．$A + B$ の要素は $\mathbf{inl}(a)$ または $\mathbf{inr}(b)$ なので，それぞれの場合にどのような計算を行うのかを表す関数 f, g を受け取り，前者なら f を a に，後者なら g を b に適用する関数として表現できる．したがって，構成子 **inl**, **inr** は以下のように定義できる．

$$\lceil\mathbf{inl}\rceil \stackrel{\triangle}{=} \lambda a.\lambda f.\lambda g.fa \qquad \lceil\mathbf{inr}\rceil \stackrel{\triangle}{=} \lambda b.\lambda f.\lambda g.gb$$

直和型のデータに関する条件分岐 **case** e_0 **of inl**$(x) \Rightarrow e_1 \mid \mathbf{inr}(x) \Rightarrow e_2$ は以下のように表現できる．

$$\lceil\mathbf{case}\,e_0\,\mathbf{of\,inl}(x) \Rightarrow e_1 \mid \mathbf{inr}(x) \Rightarrow e_2\rceil = \lceil e_0\rceil\,(\lambda x.\lceil e_1\rceil)(\lambda x.\lceil e_2\rceil)$$

演習問題 7.4　$\lceil \mathbf{case}\ \mathbf{inl}(e)\ \mathbf{of}\ \mathbf{inl}(x) \Rightarrow e_1 \mid \mathbf{inr}(x) \Rightarrow e_2 \rceil \longrightarrow_\beta^* \lceil [\lceil e \rceil /x] \lceil e_1 \rceil$ となることを確認せよ.

さて, 組の表現が得られたので, 前節で後回しにした前者関数の表現を与えることが容易になった. 関数 $\lambda(x, y).(y, y+1)$ を考える (わかりやすさのため, λ 抽象をパターンマッチの表記で拡張している). すると, $\lambda(x, y).(y, y+1)$ を $(0, 0)$ に n 回適用すると, $(n-1, n)$ が得られる. そこで, その一番目の要素をとりだせば $n-1$ が得られる. したがって, 前者関数 **pred** は以下のように表現できる

$$
\begin{aligned}
\lceil \mathbf{pred} \rceil \quad = \quad & \lambda n. \lceil \mathbf{fst} \rceil\, (n \\
& (\lambda p. \lceil \mathbf{pair} \rceil \\
& (\lceil \mathbf{snd} \rceil\, p) \\
& (\lceil \mathbf{plus} \rceil\, (\lceil \mathbf{snd} \rceil\, p)\, \lceil 1 \rceil)) \\
& (\lceil \mathbf{pair} \rceil\, \lceil 0 \rceil\, \lceil 0 \rceil))
\end{aligned}
$$

リストや木構造データは, 直積と直和の組み合わせで表現できる. 例えば 1, 0, 3 からなるリスト $[1, 0, 3]$ は以下のように表現した上で λ 項に変換すればよい.

$$\mathbf{inr}(1, \mathbf{inr}(0, \mathbf{inr}(3, \mathbf{inl}(0))))$$

ここで, $\mathbf{inl}(0)$ は空リストを表現するのに用いた.

7.3.3　再帰と不動点演算子

プログラミング言語に重要な機能として残るは再帰関数である. λ 計算では関数はプリミティブとして存在するが, 再帰関数はプリミティブではないことに注意されたい. 再帰関数は, ある特定の関数等式の解であると考えることができる. 例えば, 以下によって定義される階乗を求める関数 $fact$ を考えよう.

$$fact\ n = \mathbf{if}\ n = 0\ \mathbf{then}\ 1\ \mathbf{else}\ n \times fact(n-1)$$

これは,

$$fact = \lambda n.\mathbf{if}\ n = 0\ \mathbf{then}\ 1\ \mathbf{else}\ n \times fact(n-1)$$

という等式の解と考えることができる. さらに

$$F \overset{\triangle}{=} \lambda f. \lambda n.\textbf{if } n = 0 \textbf{ then } 1 \textbf{ else } n \times f(n-1)$$

とおけば，上の等式は

$$fact = F(fact)$$

すなわち $fact$ は関数 F の不動点である，ということになる．一般に，再帰関数定義 $f(x) = e$（e 中に f が現れてもよい）が与えられたとき，$F = \lambda f. \lambda x.e$ とおけば，再帰関数 f はやはり F の不動点ということになる．

　幸いなことに，λ計算では，任意の関数 F について，（β 等価性に関する）F の不動点 $\textbf{fix}_F$ を次のように容易に表すことができる．

$$\textbf{fix}_F = (\lambda x.(F\,(x\,x)))(\lambda x.(F\,(x\,x)))$$

実際，

$$
\begin{aligned}
\textbf{fix}_F \;\longrightarrow_\beta\;& [\lambda x.(F\,(x\,x))/x]F\,(x\,x) \\
=\;& F\,((\lambda x.(F\,(x\,x)))\,(\lambda x.(F\,(x\,x)))) \\
=\;& F(\textbf{fix}_F)
\end{aligned}
$$

となるので，$\textbf{fix}_F =_\beta F(\textbf{fix}_F)$ が成り立つ．

$$Y \overset{\triangle}{=} \lambda F.\textbf{fix}_F = \lambda F.(\lambda x.(F\,(x\,x)))(\lambda x.(F\,(x\,x)))$$

とおけば，Y は関数 F を受け取り，その不動点を返す関数となる．そこで，そのような Y，つまり $Y\,F =_\beta F(Y\,F)$ を満たす Y のことを**不動点演算子**と呼ぶ．

　以上より，前述の $fact$ は以下のように表現できる

$$fact \overset{\triangle}{=} Y(\lambda f. \lambda n.\textbf{if } n = 0 \textbf{ then } 1 \textbf{ else } n \times f(n-1))$$

実際，$fact(2)$ を計算すると確かに $2! = 2$ になることが確認できる．

$$
\begin{aligned}
fact(2) \;=\;& (Y\,F)\,2 \\
\longrightarrow\;& F\,(Y\,F)\,2 \\
\longrightarrow^*\;& \textbf{if } 2 = 0 \textbf{ then } 1 \textbf{ else } 2 \times Y\,F\,(2-1) \\
\longrightarrow^*\;& 2 \times ((Y\,F)\,1) \\
\longrightarrow^*\;& 2 \times (F\,(Y\,F)\,1)
\end{aligned}
$$

$$\longrightarrow^* \quad 2 \times (\textbf{if } 1 = 0 \textbf{ then } 1 \textbf{ else } 1 \times Y F (1-1))$$
$$\longrightarrow^* \quad 2 \times (1 \times (Y F 0))$$
$$\longrightarrow^* \quad 2 \times (1 \times (F (Y F) 0))$$
$$\longrightarrow^* \quad 2 \times (1 \times (\textbf{if } 0 = 0 \textbf{ then } 1 \textbf{ else } \cdots))$$
$$\longrightarrow^* \quad 2 \times (1 \times 1)$$
$$\longrightarrow^* \quad 2$$

演習問題 7.5 関数型言語で組み込みの再帰関数定義を用いずに不動点演算子を用いて再帰を実現してみよ.

7.4 簡約戦略と関数型言語

　純粋な λ 計算では，任意の β 簡約基の簡約を許すため，簡約の仕方に非決定性があるが，逐次プログラミング言語では，通常，一定の簡約戦略に従って決定的な簡約が行われる．前述のチャーチ-ロッサーの定理（定理 7.2）により，どのような簡約戦略をとったとしても，正規形は一意に定まる（定理 7.1）が，正規形にたどり着けるか否かは戦略に依存する．例えば前述の $(\lambda y.z)\Omega$ という項の場合には，関数適用の引数部 Ω を優先して簡約するという戦略をとった場合には，正規形にはたどり着けない.

　幸いなことに，正規形が存在すれば必ずそれにたどり着けるような簡約戦略が知られている．その代表的なものが「最も左から始まる β 簡約基を簡約する」という**最左戦略**と呼ばれる簡約戦略である．例えば，$(\lambda y.z)\Omega$ $(\Omega = (\lambda x.xx)(\lambda xx))$ の場合，β 簡約基は $(\lambda y.z)\Omega$ と Ω の 2 つがあるが，前者の方がより左から始まるのでそれを選択し，β 正規形 z が得られる．最左戦略による簡約関係を $M \longrightarrow_{\beta}^{l} M'$ と書くことにすると，以下の性質が成り立つ.

定理 7.3（正規化定理）　$M \longrightarrow_{\beta}^{*} N \not\longrightarrow_{\beta}$ ならば，$M (\longrightarrow_{\beta}^{l})^* N$ が成り立つ.

　関数型プログラミング言語 Scheme，ML，Haskell などは λ 計算に直接基づいたプログラミング言語だが，以下の点で純粋な λ 計算とは評価（簡約）の仕方が異なる.

- 閉じた項のみを簡約の対象とする（未定義変数を含むプログラムの実行を

考えない）.

- 関数の本体 ($\lambda x.M$ の M) は，その関数が適用されるまで簡約しない．
- 特定の簡約戦略を用いるが，それは必ずしも上の最左戦略とは一致しない．

プログラミング言語で用いられる代表的な簡約戦略は以下の3つである．

- **値呼び** … 関数適用 $(\lambda x.M)N$ において，引数 N が値（それ以上簡約できない式の一種）になるまで簡約してから関数適用の簡約を行う．
- **名前呼び** … 関数適用 $(\lambda x.M)N$ において，引数 N を簡約する前に関数適用の簡約を行う．
- **必要呼び** … 名前呼びと同様，関数適用 $(\lambda x.M)N$ において，引数 N よりも関数適用の簡約を優先するが，同じ引数が引数の複製によって重複して簡約されるのを避けるよう工夫．

例えば $(\lambda x.x + x)(1 + 1)$ という項の簡約を考えよう．（ここではわかりやすさのために整数をデータとして用いるが，これが純粋な λ 計算でも表現可能なことは 7.3 節で確認したとおり．）値呼びの場合には，引数部分の簡約が優先されるので，以下のように簡約が行われる．

$$(\lambda x.x + x)(1 + 1) \longrightarrow (\lambda x.x + x)2 \longrightarrow 2 + 2 \longrightarrow 4$$

一方，名前呼びの場合には，関数適用の評価が優先されるので，以下のように簡約が行われる．

$$(\lambda x.x + x)(1 + 1) \longrightarrow (1 + 1) + (1 + 1) \longrightarrow 2 + (1 + 1) \longrightarrow 2 + 2 \longrightarrow 4$$

ここで，名前呼びの場合には，引数を評価する前に関数適用の評価を行っているので引数が複製され $1 + 1$ の計算が 2 回行われていることに注意されたい．必要呼びの場合には，この重複を避けるため，引数を共有して，概ね以下のように簡約が行われる．

$$
\begin{aligned}
(\lambda x.x + x)(1 + 1) \quad &\longrightarrow \quad x + x \text{ where } x = 1 + 1 \\
&\longrightarrow \quad x + x \text{ where } x = 2 \\
&\longrightarrow \quad 2 + x \text{ where } x = 2 \\
&\longrightarrow \quad 2 + 2 \text{ where } x = 2 \\
&\longrightarrow \quad 4
\end{aligned}
$$

第8章 型つき λ 計算

8.1 単純型つき λ 計算

　前章ではすべてのものを関数で表す純粋な λ 計算を考えたが，本章ではプリミティブとしての算術式で λ 計算を拡張した体系を考える．具体的には，λ 項の構文を以下のように拡張する．ただし表記を簡潔にするため，$+$ は λ 抽象より結合力が強い，つまり $\lambda x.\, M_1 + M_2$ は $\lambda x.(M_1 + M_2)$ を表すとする．

$$M ::= x \mid \lambda x.M \mid M_1 M_2 \mid n \mid M_1 + M_2$$

文脈 C や α 同値性 $\equiv_\alpha$ の定義も同様に拡張する．簡約 $\longrightarrow_\beta$ は前章の β 簡約を以下の規則で拡張する．

$$C[n_0 + n_1] \longrightarrow_\beta C[n] \quad (n \text{ は } n_1 \text{ と } n_2 \text{ の和})$$

すると，例えば項 $(\lambda f.\lambda y.f(fy))(\lambda x.\, x+x)3$ に対して以下のような簡約が可能である．（これは値呼び簡約だが，値呼び以外の簡約も結果の 12 は一致する．）

$$
\begin{aligned}
(\lambda f.\lambda y.f(fy))(\lambda x.\, x + x)3
&\longrightarrow_\beta (\lambda y.(\lambda x.\, x + x)((\lambda x.\, x + x)y))3 \\
&\longrightarrow_\beta (\lambda x.\, x + x)((\lambda x.\, x + x)3) \\
&\longrightarrow_\beta (\lambda x.\, x + x)(3 + 3) \\
&\longrightarrow_\beta (\lambda x.\, x + x)6 \\
&\longrightarrow_\beta 6 + 6 \\
&\longrightarrow_\beta 12
\end{aligned}
$$

一方，例えば項 $3 + (\lambda x.x)$ は簡約することができない．また，項 $(\lambda x.xx)3$ は $(\lambda x.xx)3 \longrightarrow_\beta 3\,3$ のように簡約できるが，それ以上は簡約できない．このような項は簡約の結果が整数や関数にならず途中でエラーになってしまうと言える．そのようなエラーの原因は，関数を整数として足し算しようとしたり，整

数を関数として適用しようとしたりといった，値の種類の混同にある．

そこで，項がどのような種類の値に簡約されるかという**型**を与えることにより，先の例のような簡約の**行き詰まり状態**（stuck state）を，項（プログラム）を実際に簡約（実行）する前に防ぐ方法の一つが**静的型システム**である．本章では上述の算術式で拡張された λ 計算に対する，最も基本的な静的型システム（**単純型システム**）を解説する．

本章の λ 計算は，整数と関数の 2 種類の値がある．また，関数には当然ながら引数と返り値がある．そこで，型 T の構文を次のように定義する．

$$T ::= \mathbf{Int} \mid T_1 \to T_2$$

Int は簡約すると整数になる項の型，$T_1 \to T_2$ は型 T_1 の引数に関数適用して簡約すると型 T_2 の値を返す項の型を意図している．慣習として，$\to$ は右結合的とみなす．つまり，$T_1 \to T_2 \to T_3$ は $T_1 \to (T_2 \to T_3)$ の意である．

その上で，どの項がどの型を持つかという**型判定**の関係を，以下の推論規則（**型つけ規則**）により定義する．

$$\frac{\Gamma(x) = T}{\Gamma \vdash x : T} \qquad \text{(T-Var)}$$

$$\frac{\Gamma, x : T_1 \vdash M : T_2}{\Gamma \vdash \lambda x.M : T_1 \to T_2} \qquad \text{(T-Abs)}$$

$$\frac{\Gamma \vdash M_1 : T_2 \to T_1 \qquad \Gamma \vdash M_2 : T_2}{\Gamma \vdash M_1 M_2 : T_1} \qquad \text{(T-App)}$$

$$\frac{}{\Gamma \vdash n : \mathbf{Int}} \qquad \text{(T-Int)}$$

$$\frac{\Gamma \vdash M_1 : \mathbf{Int} \qquad \Gamma \vdash M_2 : \mathbf{Int}}{\Gamma \vdash M_1 + M_2 : \mathbf{Int}} \qquad \text{(T-Add)}$$

型判定 $\Gamma \vdash M : T$ は型環境 Γ と項 M と型 T との間の 3 項関係で，直感的に

は「型環境 Γ のもとで項 M は型 T を持つ」ことを意味する. ここで**型環境** Γ とは変数の集合から型の集合への部分関数であり, 規則 T-VAR のとおり, M に現れる自由変数の型を与える. 型環境 $\{x_1 \mapsto T_1, x_2 \mapsto T_2, \ldots, x_n \mapsto T_n\}$ を $x_1 : T_1, x_2 : T_2, \ldots, x_n : T_n$ のように書く. また, 型環境 Γ と, Γ の定義域に属さない変数 x に対し, $\Gamma'(x) = T$ かつ, 任意の $y \neq x$ に対し $\Gamma'(y) = \Gamma(y)$ なる型環境 Γ' を $\Gamma, x : T$ と書く.

規則 T-ABS は, 関数の引数 x の型を T_1 とした型環境の下で, 関数の本体 M が型 T_2 を持つならば, 関数 $\lambda x.M$ は型 $T_1 \to T_2$ を持つ, ということを表している. 型環境 $\Gamma, x : T_1$ の定義より x は Γ の定義域に現れないことが要求されているが, この要求は $\lambda x.M$ の x を α 変換することにより常に満たすことが可能である.

規則 T-APP は, 項 M_1 が関数型 $T_2 \to T_1$ を持ち, その関数型の引数部分と同じ型 T_2 を項 M_2 が持つならば, 関数適用 $M_1 M_2$ は返り値部分の型 T_1 を持つ, ということを表している.

規則 T-INT は整数定数 n は常に **Int** 型を持つことを, 規則 T-ADD は部分式 M_1 と M_2 が **Int** 型を持てば足し算 $M_1 + M_2$ も **Int** 型を持つことを, それぞれ表している.

これらの型つけ規則を用いると, 例えば以下のとおり項 $\lambda x.\, x + x$ に関数型 **Int** $\to$ **Int** を与えることができる. ただし型環境が空の場合 $\emptyset \vdash$ は単に $\vdash$ と書く.

$$\cfrac{\cfrac{\overline{x : \mathbf{Int} \vdash x : \mathbf{Int}}\ \text{T-VAR} \quad \overline{x : \mathbf{Int} \vdash x : \mathbf{Int}}\ \text{T-VAR}}{x : \mathbf{Int} \vdash x + x : \mathbf{Int}}\ \text{T-ADD}}{\vdash \lambda x.\, x + x : \mathbf{Int} \to \mathbf{Int}}\ \text{T-ABS}$$

また, 略記のために $\Gamma_1 = f : \mathbf{Int} \to \mathbf{Int}, y : \mathbf{Int}$ と置くと, 以下のとおり項 $\lambda f.\lambda y.f(fy)$ には型 $(\mathbf{Int} \to \mathbf{Int}) \to \mathbf{Int} \to \mathbf{Int}$ が与えられる.

$$\cfrac{\cfrac{\overline{\Gamma_1 \vdash f : \mathbf{Int} \to \mathbf{Int}}\ \text{T-VAR} \quad \cfrac{\overline{\Gamma_1 \vdash f : \mathbf{Int} \to \mathbf{Int}}\ \text{T-VAR} \quad \overline{\Gamma_1 \vdash y : \mathbf{Int}}\ \text{T-VAR}}{\Gamma_1 \vdash fy : \mathbf{Int}}\ \text{T-APP}}{\cfrac{\Gamma_1 \vdash f(fy) : \mathbf{Int}}{\cfrac{f : \mathbf{Int} \to \mathbf{Int} \vdash \lambda y.f(fy) : \mathbf{Int} \to \mathbf{Int}}{\vdash \lambda f.\lambda y.f(fy) : (\mathbf{Int} \to \mathbf{Int}) \to \mathbf{Int} \to \mathbf{Int}}\ \text{T-ABS}}\ \text{T-ABS}}\ \text{T-APP}}$$

これらを用いて, 前出の例 $(\lambda f.\lambda y.f(fy))(\lambda x.\, x + x)3$ には以下のように **Int**

型を与えることができる．

$$\cfrac{\cfrac{\overset{\text{同上}}{\rule{3cm}{0.4pt}}}{\vdash \lambda f.\lambda y.f(fy):(\text{Int}\to\text{Int})\to\text{Int}\to\text{Int}}\text{T-ABS} \quad \cfrac{\overset{\text{同上}}{\rule{3cm}{0.4pt}}}{\vdash \lambda x.\ x+x:\text{Int}\to\text{Int}}\text{T-ABS}}{\cfrac{\vdash (\lambda f.\lambda y.f(fy))(\lambda x.\ x+x):\text{Int}\to\text{Int}}{}\text{T-APP} \quad \cfrac{}{\vdash 3:\text{Int}}\text{T-INT}}\text{T-APP}$$
$$\vdash (\lambda f.\lambda y.f(fy))(\lambda x.\ x+x)3:\text{Int}$$

一方，項 $3+(\lambda x.x)$ や $(\lambda x.xx)3$ には，いかなる型も与えることができない．実際，以下のとおり型つけを試みても，いずれも導出が失敗する．（? がついている規則において，：の後に書かれている必要な型と，$\neq$ の後に書かれている実際に導出できる型が合わない．本章の型の集合は帰納的に定義されているので，$\text{Int}=T_0\to T_0$ や $\text{Int}\to T_1=\text{Int}$ は決して成り立たないことに注意されたい．）

$$\cfrac{\cfrac{}{\vdash 3:\text{Int}}\text{T-INT} \quad \cfrac{\cfrac{}{x:T_0\vdash x:T_0}\text{T-VAR}}{\vdash \lambda x.x:\text{Int}\ (\neq T_0\to T_0)}\text{T-ABS?}}{\vdash 3+(\lambda x.x):\text{Int}}\text{T-ADD}$$

$$\cfrac{\cfrac{\cfrac{}{x:\text{Int}\vdash x:\text{Int}\to T_1\ (\neq\text{Int})}\text{T-VAR?} \quad \cfrac{}{x:\text{Int}\vdash x:\text{Int}}\text{T-VAR}}{\cfrac{x:\text{Int}\vdash xx:T_1}{\vdash \lambda x.xx:\text{Int}\to T_1}\text{T-ABS}}\text{T-APP} \quad \cfrac{}{\vdash 3:\text{Int}}\text{T-INT}}{\vdash (\lambda x.xx)3:T_1}\text{T-APP}$$

一般に，閉じた（自由変数のない）項が型つけできれば，その項を簡約しても行き詰まり状態にならないこと（型システムの**健全性**）が証明できる．

> ⬚定理 8.1 （型安全性） $\vdash M:T$ かつ $M\longrightarrow^*_\beta N\not\longrightarrow_\beta$ ならば，N は値，すなわち整数 n か関数 $\lambda x.N_0$ の形の項である．

この定理は以下の 2 つの補題より，簡約列（の長さ）に関する（数学的）帰納法で証明できる．

> ⬚補題 8.2 （進行） $\vdash M:T$ かつ $M\not\longrightarrow_\beta$ ならば，M は値である．つまり，M が型つけ可能で，値でなければ，M は簡約可能である．

証 明

 $\vdash M:T$ の導出（ないし導出木の高さ）に関する帰納法による． ∎

補題 8.3 （型保存（主部簡約）） $\Gamma \vdash M : T$ かつ $M \longrightarrow_\beta N$ ならば，$\Gamma \vdash N : T$ である．

証　明

　$M \longrightarrow_\beta N$ の導出（における文脈 C の構造）に関する帰納法による．■

　ただし後者の証明においては，β 簡約の場合に次の補題が用いられる．

補題 8.4 （代入補題） $\Gamma, x : T_0 \vdash M : T$ かつ $\Gamma \vdash N : T_0$ ならば，$\Gamma \vdash [N/x]M : T$ が成り立つ．

証　明

　$\Gamma, x : T_0 \vdash M : T$ の導出（ないし導出木の高さ）に関する帰納法による．導出の最後に用いられた規則が T-ABS の場合，$M = \lambda y.M_0$ の形なので，M_0 の型環境に y の型（T_1 とする）が $\Gamma, x : T_0, y : T_1$ のように追加されるため，帰納法の仮定を用いるには $\Gamma, y : T_1 \vdash N : T_0$ が必要となる．これを導くために次の補題を用いる．■

補題 8.5 （弱化） $\Gamma \vdash N : T_0$ ならば，Γ の定義域に属さない任意の変数 y および任意の型 T_1 に対し，$\Gamma, y : T_1 \vdash N : T_0$ が成り立つ．

証　明

　$\Gamma \vdash N : T_0$ の導出（ないし導出木の高さ）に関する帰納法による．■

　上述の型安全性は，型のついた λ 項の簡約が**停止すれば**値になると言っているだけで，必ず値になって停止するとは主張していないことに注意されたい．実際，再帰関数や再帰型で拡張した型つき λ 計算では，そのような停止性は一般には成り立たない．上述のような型安全性は，型のついた項の簡約が行き詰まり状態になることはない，と言っているだけである．現実のプログラミング言語処理系では，そのような行き詰まり状態は実行時に検出されてエラーになる場合もあれば，C のように「未定義動作」つまり何が起こるかまったくわからない，という仕様の言語もある．

　型つけ可能性は型安全性の十分条件に過ぎず，必要条件ではないことにも注意されたい．例えば項 $(\lambda x.2)(3 + \lambda y.y)$ は $(\lambda x.2)(3 + \lambda y.y) \to 2$ のように簡

約され，行き詰まり状態にならないが，$3 + \lambda y.y$ の部分が明らかに型つけ不能である．このように静的型システムは一般に**保守的**である．

上述の型保存の補題もそれだけでは意味がないことに注意されたい．例えば任意の項を型つけ可能としてしまう誤った型つけ規則の下であっても，型保存自体は成り立つ．一方，いかなる項も型つけ不能であるような静的型システムは，型安全性は保証されるが，実用上無意味である．このように，静的型システムは型安全性と実用性のバランスがポイントである．

演習問題 8.1　上述の定理や補題の証明の細部を書き下せ．

演習問題 8.2　本章の型つき λ 計算の項，型，簡約の定義および型つけ規則にブール式および **Bool** 型を追加し，型安全性の証明も拡張せよ．

なお，再帰や繰り返しのプリミティブがない言語，かつ再帰型がない型システムの下では，型つけ可能な項の簡約は必ず有限回で停止するという**強正規化**の性質もしばしば成り立つ [7, 第 12 章など参照]．

8.2　型 推 論

前節の型つけ規則はあくまで正しい型つけを定義しているに過ぎず，**型検査**すなわち型つけ可能性を判定する具体的なアルゴリズムは与えていない．特に，前節の λ 項の構文では束縛変数すなわち $\lambda x.M$ における x の型は明示されていないため，それも文脈から推測（**型推論**）する必要がある．本節では，そのような型推論を含む型検査の方法を説明する．

前節のような単純型つき λ 計算の型つけ規則は構文主導（syntax-directed）すなわち項 M の一つ一つの形に対し一つの規則が対応している．つまり，型つけしたい項 M が与えられたら，M の形に応じて型つけ規則をボトムアップに（すなわち下から上へ）当てはめていけば導出木が構成できる（あるいは導出が失敗し，型つけ不能とわかる）はずである．

ただし，上述のとおり束縛変数の型は構文において明示されていないため，まわりの文脈すなわち「使われ方」から推論する必要がある．例えば前節の例 $(\lambda f.\lambda y.f(fy))(\lambda x.x + x)3$ を考えよう．まず，束縛変数 x の型をギリシャ文字の小文字で α とおくことにすると（このように型を表す変数を**型変数**と呼

ぶ），項 $x + x$ の型つけ（規則 T-Var）より，$\alpha = \textbf{Int}$ であることがわかる．すると $\lambda x. x + x$ の型は $\textbf{Int} \to \textbf{Int}$ になるから，f の型を別の型変数で β と置くと，$(\lambda f.\lambda y. f(fy))(\lambda x. x + x)$ の型つけ（T-App）より，$\beta = \textbf{Int} \to \textbf{Int}$ とわかる．同様にして，束縛変数 y の型は $\textbf{Int}$ とわかる．

このように，束縛変数の型を推論するには，その型をとりあえず型変数で置き，型変数を含む型同士の等式（**制約**）を生成して，それを解く（**解消**する）ことにより，型変数への代入すなわち実際の型を求めればよい．そのような制約生成アルゴリズム *infer* と制約解消アルゴリズム *solve* はそれぞれ以下のように定義できる．ただし型の構文は

$$T ::= \alpha \mid \ldots \text{（従前と同じ）}$$

のように型変数で拡張しておく．

$infer(\Gamma, M)$ は型環境 Γ と項 M を受け取り，M の型 T と，制約（すなわち型の間の等式）の集合 C との組 (T, C) を返す．

$$
\begin{aligned}
infer(\Gamma, x) \quad &= \quad (T, \{\}) \\
&\qquad \text{ただし } \Gamma(x) = T \\
infer(\Gamma, \lambda x.M) \quad &= \quad (\alpha \to T_1, C) \\
&\qquad \text{ただし } \alpha \text{ は新しい型変数} \\
&\qquad \text{かつ } infer((\Gamma, x : \alpha), M) = (T_1, C) \\
infer(\Gamma, M_1 M_2) \quad &= \quad (\alpha, C_1 \cup C_2 \cup \{T_1 = T_2 \to \alpha\}) \\
&\qquad \text{ただし } \alpha \text{ は新しい型変数} \\
&\qquad \text{かつ } infer(\Gamma, M_1) = (T_1, C_1) \\
&\qquad \text{かつ } infer(\Gamma, M_2) = (T_2, C_2) \\
infer(\Gamma, n) \quad &= \quad (\textbf{Int}, \{\}) \\
infer(\Gamma, M_1 + M_2) \quad &= \quad (\textbf{Int}, C_1 \cup C_2 \cup \{T_1 = \textbf{Int}, T_2 = \textbf{Int}\}) \\
&\qquad \text{ただし } infer(\Gamma, M_1) = (T_1, C_1) \\
&\qquad \text{かつ } infer(\Gamma, M_2) = (T_2, C_2)
\end{aligned}
$$

束縛変数の型や，関数適用の返り値の型は，それぞれ新しい型変数で置く．ここでいう「新しい」とは，アルゴリズム全体を通して他で用いられないという意味である．厳密には「他で用いられない」型変数の無限集合を *infer* の引数に追加等して表す必要があるが，ここでは簡単のために省略する．（実際の実

装ではグローバルなカウンタの破壊的更新を用いて「新しい型変数」を実現することも多い.)

$solve(C)$ は制約の集合 C を受け取り, C が充足可能すなわち C に属するすべての等式を満たす代入が存在する場合は **succeed** を, 存在しない場合は **fail** を返す.

$$solve(\{\}) = \textbf{succeed}$$
$$solve(\{\textbf{Int} = \textbf{Int}\} \cup C) = solve(C)$$
$$solve(\{\alpha = \alpha\} \cup C) = solve(C)$$
$$solve(\{\alpha = T\} \cup C) = solve([T/\alpha]C)$$
$$\text{ただし } \alpha \text{ は } T \text{ に現れない}$$
$$solve(\{T = \alpha\} \cup C) = solve([T/\alpha]C)$$
$$\text{ただし } \alpha \text{ は } T \text{ に現れない}$$
$$solve(\{T_{11} \to T_{12} = T_{21} \to T_{22}\} \cup C)$$
$$= solve(\{T_{11} = T_{21}, T_{21} = T_{22}\} \cup C)$$
$$solve(C) = \textbf{fail}$$
$$\text{上述以外の場合}$$

ただし例えば $solve(\{\textbf{Int} = \textbf{Int}\} \cup C) = solve(C)$ のような表記は, 左辺の $solve$ の引数である集合 (C' とする) から要素を一つ取り出し, それが **Int** = **Int** の形だった場合, 残りの要素からなる集合 $C' \setminus \{\textbf{Int} = \textbf{Int}\}$ を C と置き, $solve(C)$ の結果を返すという意味である. また, α が T に現れないという条件は, 例えば $\alpha = \alpha \to \textbf{Int}$ のような制約に対して **fail** を返すために必要である. (そのような制約は, 本章のような単純型システムにおいては解を持たない. 仮に再帰的な型の一種を導入すれば解を持つが, その場合は型検査や型推論のアルゴリズムも, そのような再帰型に対応した本質的拡張が必要となる [7, 第 21 章など].)

例として, 空の型環境 $\emptyset$ の下で, 項 $(\lambda f.\lambda y.f(fy))(\lambda x.\,x + x)3$ に対する型検査 (束縛変数の型推論を含む) を考える. $infer$ の再帰呼び出しをインデント (字下げ) により木構造状に表すと以下のようになる.

$$infer(\emptyset, (\lambda f.\lambda y.f(fy))(\lambda x.\,x+x)3) = (\alpha_1, \{\alpha_2 = \textbf{Int} \to \alpha_1,$$
$$\alpha_3 \to \alpha_4 \to \alpha_5 = (\alpha_7 \to \textbf{Int}) \to \alpha_2,$$

$$\alpha_3 = \alpha_6 \to \alpha_5, \alpha_3 = \alpha_4 \to \alpha_6,$$
$$\alpha_7 = \mathbf{Int}\})$$

$$infer(\emptyset, (\lambda f.\lambda y.f(fy))(\lambda x.\, x + x)) = (\alpha_2, \{\alpha_3 \to \alpha_4 \to \alpha_5 = (\alpha_7 \to \mathbf{Int}) \to \alpha_2,$$
$$\alpha_3 = \alpha_6 \to \alpha_5, \alpha_3 = \alpha_4 \to \alpha_6)$$
$$\alpha_7 = \mathbf{Int}\})$$

$$infer(\emptyset, \lambda f.\lambda y.f(fy)) = (\alpha_3 \to \alpha_4 \to \alpha_5, \{\alpha_3 = \alpha_6 \to \alpha_5, \alpha_3 = \alpha_4 \to \alpha_6\})$$

$$infer(f : \alpha_3, \lambda y.f(fy)) = (\alpha_4 \to \alpha_5, \{\alpha_3 = \alpha_6 \to \alpha_5, \alpha_3 = \alpha_4 \to \alpha_6\})$$

$$infer(f : \alpha_3, y : \alpha_4, f(fy)) = (\alpha_5, \{\alpha_3 = \alpha_6 \to \alpha_5, \alpha_3 = \alpha_4 \to \alpha_6\})$$

$$infer(f : \alpha_3, y : \alpha_4, f) = (\alpha_3, \{\})$$

$$infer(f : \alpha_3, y : \alpha_4, fy) = (\alpha_6, \{\alpha_3 = \alpha_4 \to \alpha_6\})$$

$$infer(f : \alpha_3, y : \alpha_4, f) = (\alpha_3, \{\})$$

$$infer(f : \alpha_3, y : \alpha_4, y) = (\alpha_4, \{\})$$

$$infer(\emptyset, \lambda x.\, x + x) = (\alpha_7 \to \mathbf{Int}, \{\alpha_7 = \mathbf{Int}\})$$

$$infer(x : \alpha_7, x + x) = (\mathbf{Int}, \{\alpha_7 = \mathbf{Int}\})$$

$$infer(x : \alpha_7, x) = (\alpha_7, \{\})$$

$$infer(x : \alpha_7, x) = (\alpha_7, \{\})$$

$$infer(\emptyset, 3) = (\mathbf{Int}, \{\})$$

上より得られた制約集合（C_0 とする）

$$\{\alpha_2 = \mathbf{Int} \to \alpha_1, \alpha_3 \to \alpha_4 \to \alpha_5 = (\alpha_7 \to \mathbf{Int}) \to \alpha_2,$$
$$\alpha_3 = \alpha_6 \to \alpha_5, \alpha_3 = \alpha_4 \to \alpha_6, \alpha_7 = \mathbf{Int}\}$$

に対し $solve(C_0)$ を計算すると以下のようになる.

$$solve(C_0)$$
$$= solve(\{\alpha_3 \to \alpha_4 \to \alpha_5 = (\alpha_7 \to \mathbf{Int}) \to \mathbf{Int} \to \alpha_1,$$
$$\alpha_3 = \alpha_6 \to \alpha_5, \alpha_3 = \alpha_4 \to \alpha_6, \alpha_7 = \mathbf{Int}\})$$
$$= solve(\{\alpha_3 = \alpha_7 \to \mathbf{Int}, \alpha_4 \to \alpha_5 = \mathbf{Int} \to \alpha_1,$$
$$\alpha_3 = \alpha_6 \to \alpha_5, \alpha_3 = \alpha_4 \to \alpha_6, \alpha_7 = \mathbf{Int}\})$$
$$= solve(\{\alpha_4 \to \alpha_5 = \mathbf{Int} \to \alpha_1,$$
$$\alpha_7 \to \mathbf{Int} = \alpha_6 \to \alpha_5, \alpha_7 \to \mathbf{Int} = \alpha_4 \to \alpha_6, \alpha_7 = \mathbf{Int}\})$$
$$= solve(\{\alpha_4 = \mathbf{Int}, \alpha_5 = \alpha_1,$$

$$\alpha_7 \to \mathbf{Int} = \alpha_6 \to \alpha_5, \alpha_7 \to \mathbf{Int} = \alpha_4 \to \alpha_6, \alpha_7 = \mathbf{Int}\})$$
$$= solve(\{\alpha_5 = \alpha_1,$$
$$\alpha_7 \to \mathbf{Int} = \alpha_6 \to \alpha_5, \alpha_7 \to \mathbf{Int} = \mathbf{Int} \to \alpha_6, \alpha_7 = \mathbf{Int}\})$$
$$= solve(\{\alpha_7 \to \mathbf{Int} = \alpha_6 \to \alpha_1, \alpha_7 \to \mathbf{Int} = \mathbf{Int} \to \alpha_6, \alpha_7 = \mathbf{Int}\})$$
$$= solve(\{\alpha_7 = \alpha_6, \mathbf{Int} = \alpha_1, \alpha_7 \to \mathbf{Int} = \mathbf{Int} \to \alpha_6, \alpha_7 = \mathbf{Int}\})$$
$$= solve(\{\mathbf{Int} = \alpha_1, \alpha_6 \to \mathbf{Int} = \mathbf{Int} \to \alpha_6, \alpha_6 = \mathbf{Int}\})$$
$$= solve(\{\alpha_6 \to \mathbf{Int} = \mathbf{Int} \to \alpha_6, \alpha_6 = \mathbf{Int}\})$$
$$= solve(\{\alpha_6 = \mathbf{Int}, \mathbf{Int} = \alpha_6, \alpha_6 = \mathbf{Int}\})$$
$$= solve(\{\mathbf{Int} = \mathbf{Int}\})$$
$$= solve(\{\})$$
$$= \mathbf{succeed}$$

一方, 例えば項 $3 + (\lambda x.x)$ に対する型推論は以下のように失敗する.

$$infer(\emptyset, 3 + (\lambda x.x)) = (\mathbf{Int}, \{\mathbf{Int} = \mathbf{Int}, \alpha_1 \to \alpha_1 = \mathbf{Int}\})$$
$$infer(\emptyset, 3) = (\mathbf{Int}, \{\})$$
$$infer(\emptyset, \lambda x.x) = (\alpha_1 \to \alpha_1, \{\})$$
$$infer(x : \alpha_1, x) = (\alpha_1, \{\})$$

$$solve(\{\mathbf{Int} = \mathbf{Int}, \alpha_1 \to \alpha_1 = \mathbf{Int}\})$$
$$= solve(\{\alpha_1 \to \alpha_1 = \mathbf{Int}\})$$
$$= \mathbf{fail}$$

$(\lambda x.xx)3$ についても同様である.

$$infer(\emptyset, (\lambda x.xx)3) = (\alpha_3, \{\alpha_1 \to \alpha_2 = \mathbf{Int} \to \alpha_3, \alpha_1 = \alpha_1 \to \alpha_2\})$$
$$infer(\emptyset, \lambda x.xx) = (\alpha_1 \to \alpha_2, \{\alpha_1 = \alpha_1 \to \alpha_2\})$$
$$infer(x : \alpha_1, xx) = (\alpha_2, \{\alpha_1 = \alpha_1 \to \alpha_2\})$$
$$infer(x : \alpha_1, x) = (\alpha_1, \{\})$$
$$infer(x : \alpha_1, x) = (\alpha_1, \{\})$$
$$infer(\emptyset, 3) = (\mathbf{Int}, \{\})$$

$$solve(\{\alpha_1 \to \alpha_2 = \mathbf{Int} \to \alpha_3, \alpha_1 = \alpha_1 \to \alpha_2\})$$
$$= solve(\{\alpha_1 = \mathbf{Int}, \alpha_2 = \alpha_3, \alpha_1 = \alpha_1 \to \alpha_2\})$$
$$= solve(\{\alpha_2 = \alpha_3, \mathbf{Int} = \mathbf{Int} \to \alpha_2\})$$
$$= solve(\{\mathbf{Int} = \mathbf{Int} \to \alpha_3\})$$
$$= \mathbf{fail}$$

本節の定義では $solve$ は **succeed** か **fail** を返すだけだが，先の型推論が成功する例からもわかるとおり，それぞれの型変数に代入される型も計算の過程でわかるので，それらの代入も返すように拡張することは比較的容易である．同様に，$infer$ において，項のどの部分（**位置**）がどの型を持つかの情報も容易に付加することができる．実際のプログラミング言語では，そのような仕組みにより，プログラムのどの部分がどのような型を持つか推論し，プログラマやコンパイラに有用な情報を与えることが可能である．

演習問題 8.3 上述の制約解消アルゴリズム $solve(C)$ は，C から取り出す要素の選び方や，取り出した要素が $\alpha = \beta$ の形だった場合にどちらをどちらに代入するかという点で任意性がある（非決定的である）が，最終的な結果（**succeed** になるか **fail** になるか，また，**succeed** になるとき，各型変数に代入される実際の型）は変わらない．このことを上述のそれぞれの例において，制約を解く順番を変えてみることにより確認せよ．

8.3 M L 多 相

前節のアルゴリズム $infer$ に対して，例えば（空の型環境 $\emptyset$ の下で）項 $\lambda x.x$ を与えると，$infer(\emptyset, \lambda x.x) = (\alpha \to \alpha, \{\})$ のように制約集合が空となり，型変数 α に代入される実際の型が定まらない．逆に言えば引数 x の型は返り値の型と一致していれば特に何の条件もなく，関数 $\lambda x.x$ は任意の型 T について $T \to T$ 型を与えることができる．実際，例えば $id = \lambda x.x$ と置いたとき，$id\ 3$ も（ブール式を導入したとして）$id\ \mathbf{true}$ も $id(\lambda y.\ y + y)$ も，すべて型安全である（簡約が行き詰まり状態にならない）．

そこで，id のように任意の型について使える項に対し，「任意の型 α について $\alpha \to \alpha$ 型を持つ」ことを意味する $\forall \alpha.\alpha \to \alpha$ のような**多相型**を与えること

にする．これにより一つの変数 id を $\mathbf{Int} \to \mathbf{Int}$ 型や（$\mathbf{Bool}$ 型を導入したとして）$\mathbf{Bool} \to \mathbf{Bool}$ 型や $(\mathbf{Int} \to \mathbf{Int}) \to (\mathbf{Int} \to \mathbf{Int})$ 型のすべてで用いることができ，$(\lambda x.x)3$ や $(\lambda x.x)\mathbf{true}$ や $(\lambda x.x)(\lambda y.\,y + y)$ のように項 $\lambda x.x$ をコピーして別々に型つけした場合と同様の効果が得られる．

　以上の考え方を定式化すると次のようになる．

　まず，id のように多相型を持つ束縛変数を導入するための構文 $\mathbf{let}\ x = M\ \mathbf{in}\ N$ を導入する．任意の束縛変数に多相型を与えうる静的型システムも定義可能だが，型推論が難しいことが知られている [7, 第 23 章など]．本節のように $\mathbf{let}$ 式により導入される多相性は $\mathbf{let}$ 多相，あるいは複数の考案者らの名前から**ダマス-ヒンドリー-ミルナー**（**Damas-Hindley-Milner**）**多相**ないし**ヒンドリー-ミルナー**（**Hindley-Milner**）**多相**，あるいは最初に導入されたプログラミング言語 ML から **ML 多相**などと呼ばれる．

　また，多相型 σ の構文（**型スキーム**）を $\sigma ::= \forall \alpha_1.\dots.\forall \alpha_n.T\ (n \geq 0)$ と定義し，型環境は変数の集合から型スキームの集合への部分関数に拡張する．その上で，$\mathbf{let}$ 式と変数に対する型つけ規則を以下のように定義・拡張する．

$$\frac{\Gamma \vdash M : T_0 \qquad \alpha_1,\dots,\alpha_n \text{ は } \Gamma \text{ に現れない} \qquad \Gamma, x : \forall \alpha_1.\dots.\forall \alpha_n.T_0 \vdash N : T}{\Gamma \vdash \mathbf{let}\ x = M\ \mathbf{in}\ N : T} \quad (\text{T-Let})$$

$$\frac{\Gamma(x) = \forall \alpha_1.\dots.\forall \alpha_n.T_0}{\Gamma \vdash x : [T_1,\dots,T_n/\alpha_1,\dots,\alpha_n]T_0} \quad (\text{T-Var})$$

「$\alpha_1,\dots,\alpha_n$ は Γ に現れない」という条件は，もしいずれかの $\alpha_i\ (1 \leq i \leq n)$ が T_0 以外で使われていたら，α_i について何か他の条件があるかもしれず，「任意」とは言えないためである．

　多相的な型つけの例を以下に示す．$\Gamma = id : \forall \alpha.\alpha \to \alpha$ と略記すると，$\mathbf{let}\ id = \lambda x.x\ \mathbf{in}\ id\ id\ 3$ は以下のように型つけできる．

$$\frac{\dfrac{\dfrac{x : \alpha \vdash x : \alpha}{\vdash \lambda x.x : \alpha \to \alpha}\text{T-Abs}}{\ } \quad \dfrac{\dfrac{\Gamma \vdash id : (\mathbf{Int} \to \mathbf{Int}) \to (\mathbf{Int} \to \mathbf{Int})}{\Gamma \vdash id\ id : \mathbf{Int} \to \mathbf{Int}}\text{T-Var} \quad \dfrac{\Gamma \vdash id : \mathbf{Int} \to \mathbf{Int}}{\ }\text{T-Var}}{\dfrac{\Gamma \vdash id\ id\ 3 : \mathbf{Int}}{\vdash \mathbf{let}\ id = \lambda x.x\ \mathbf{in}\ id\ id\ 3 : \mathbf{Int}}\text{T-Let}}\text{T-App}}$$

id が $(\mathbf{Int} \to \mathbf{Int}) \to (\mathbf{Int} \to \mathbf{Int})$ と $\mathbf{Int} \to \mathbf{Int}$ の 2 通りの型で用いられていることと，$id\ id$ のような，単純型システムでは型つけ不能だった式も型つけできていることに注意されたい．

ＭＬ 多相型システムの健全性は，単純型システムの健全性と同様に証明できる．ただし，$\mathbf{let}\ x = M\ \mathbf{in}\ N$ の簡約は $\mathbf{let}\ x = M\ \mathbf{in}\ N \longrightarrow_\beta [M/x]N$ のように定める．この簡約による型保存は，多相型によって拡張された代入補題，すなわち $\Gamma, x : \forall \alpha_1 \dots . \forall \alpha_n . T_0 \vdash N : T$ （ただし $\alpha_1, \dots, \alpha_n$ は Γ に現れない）かつ $\Gamma \vdash M : T_0$ ならば $\Gamma \vdash [M/x]N : T$ であることから示せる．その代入補題の証明は，型導出が型代入によって保存される，つまり $\Gamma \vdash M : T$ ならば任意の型代入 $\theta = [T_1, \dots, T_n / \alpha_1, \dots, \alpha_n]$ （型変数 $\alpha_1, \dots, \alpha_n$ に型 $T_1, \dots, T_n$ をそれぞれ代入する**同時代入**）に対し $\theta \Gamma \vdash M : \theta T$ であることを用いる．これは導出木に関する帰納法で証明できる．

ＭＬ 多相型システムの型推論は，単純型システムと異なり，等式制約の生成と解消を一緒に行う必要がある．これは規則 T-Let において，どの型変数 α_i が（他の型と間の等式を考慮しても）「Γ に現れない」か判定するためである．そこで，$infer(\Gamma, M)$ は推論された M の型 T と，型代入 θ との組 (T, θ) を返すように変更する．型代入の合成（部分関数の合成と同様）を $\circ$ で書く．また，2 つの型 T_1 と T_2 を等しくする（すなわち $\theta T_1 = \theta T_2$ となる），最も一般的な（すなわち $\theta' T_1 = \theta' T_2$ なる代入 θ' はすべて θ との合成で表せる）型代入 θ を返す部分関数 $unify(T_1, T_2)$ を定義する．

$$infer(\Gamma, x) \qquad\qquad = \quad ([\beta_1, \dots, \beta_n / \alpha_1, \dots, \alpha_n]T_0, [\ ])$$

ただし $\Gamma(x) = \forall \alpha_1 \dots . \forall \alpha_n . T_0$，かつ $\beta_1, \dots, \beta_n$ は新しい型変数

$$infer(\Gamma, \mathbf{let}\ x = M\ \mathbf{in}\ N) \quad = \quad (T, \theta_2 \circ \theta_1)$$

ただし $infer(\Gamma, M) = (T_0, \theta_1)$，かつ T_0 に現れ $\theta_1 \Gamma$ に現れない型変数を $\alpha_1, \dots, \alpha_n$ とし $infer((\theta_1 \Gamma, x : \forall \alpha_1 \dots . \forall \alpha_n . T_0), N) = (T, \theta_2)$

$$infer(\Gamma, \lambda x.M) \qquad\qquad = \quad (\theta \alpha \to T_1, \theta)$$

ただし α は新しい型変数，かつ $infer((\Gamma, x : \alpha), M) = (T_1, \theta)$

$$infer(\Gamma, M_1 M_2) \qquad\qquad = \quad (\theta_3 \alpha, \theta_3 \circ \theta_2 \circ \theta_1)$$

ただし α は新しい型変数，かつ $infer(\Gamma, M_1) = (T_1, \theta_1)$

かつ $infer(\theta_1 \Gamma, M_2) = (T_2, \theta_2)$ かつ $unify(\theta_2 T_1, T_2 \to \alpha) = \theta_3$

$$
\begin{aligned}
infer(\Gamma, n) &= (\mathbf{Int}, [\,]) \\
infer(\Gamma, M_1 + M_2) &= (\mathbf{Int}, \theta_4 \circ \theta_3 \circ \theta_2 \circ \theta_1)
\end{aligned}
$$

ただし $infer(\Gamma, M_1) = (T_1, \theta_1)$ かつ $infer(\theta_1\Gamma, M_2) = (T_2, \theta_2)$
かつ $unify(\theta_2 T_1, \mathbf{Int}) = \theta_3$ かつ $unify(\theta_3 T_2, \mathbf{Int}) = \theta_4$

$$
\begin{aligned}
unify() &= [\,] \\
unify(\mathbf{Int}, \mathbf{Int}) &= [\,] \\
unify(\alpha, \alpha) &= [\,] \\
unify(\alpha, T) &= [T/\alpha]
\end{aligned}
$$

ただし α は T に現れない

$$
unify(T, \alpha) = [T/\alpha]
$$

ただし α は T に現れない

$$
unify(T_{11} \to T_{12}, T_{21} \to T_{22}) = \theta_2 \circ \theta_1
$$

ただし $unify(T_{11}, T_{21}) = \theta_1$ かつ $unify(\theta_1 T_{12}, \theta_1 T_{22}) = \theta_2$

（上述以外の場合，$unify(T_1, T_2)$ は未定義）

演習問題 8.4 上述の ML 多相型推論の例を考え，過程を書き下せ.

演習問題 8.5 上述の ML 多相型推論アルゴリズムを実装せよ. 実装自体に用いる言語も（原理的にはほぼ何でもよいが）ML や Haskell などの型つき関数型プログラミング言語が向いている.

なお，再帰関数の型推論は，前章の不動点演算子 Y を $\forall\alpha.(\alpha \to \alpha) \to \alpha$ 型と仮定すれば行うことができる. ただし，前述の強正規化の性質より，Y 自体は単純型システムや ML 多相型システムでは型つけできない.

多相型推論については再帰関数だけでなく，いわゆる副作用との関連でも様々な話題がある. それらの話題や，型推論アルゴリズムの正しさ，さらに高度な型システムなどについては他書（[7, 11, 12] など）に譲る.

参 考 文 献

[1] Alfred V. Aho, Monica S. Lam, Ravi Sethi, and Jeffrey D. Ullman. *Compilers: Principles, Techniques, and Tools*. Pearson, 2nd edition, 2007. 邦訳が『コンパイラ [第 2 版]：原理・技法・ツール』としてサイエンス社から出版.

[2] H. P. Barendregt. *The Lambda Calculus: Its Syntax and Semantics*. North Holland, 1985.

[3] Edmund M. Clarke. Programming language constructs for which it is impossible to obtain good Hoare axiom systems. *Journal of the ACM*, 26(1):129–147, 1979.

[4] Stephen A. Cook. Soundness and completeness of an axiom system for program verification. *SIAM J. Comput.*, 7(1):70–90, 1978.

[5] Nicolaas Govert de Brujin. Lambda-calculus notation with nameless dummies: a tool for automatic formula manipulation with application to the church-rosser theorem. *Indagationes Mathematicae*, 34(5):381–392, 1972.

[6] John E. Hopcroft, Rajeev Motwani, and Jeffrey D. Ullman. *Introduction to Automata Theory, Languages, and Computation*. Addison-Wesley, 2000. 邦訳が『オートマトン 言語理論 計算論 I, II [第 2 版]』としてサイエンス社から出版.

[7] Benjamin C. Pierce. 『型システム入門』オーム社, 2013. 住井 英二郎 監訳.

[8] Andrew M Pitts. Nominal logic, a first-order theory of names and bindings. *Information and Computation*, 186(2):165–193, 2003.

[9] Masahiko Sato and Randy Pollack. External and internal syntax of the lambda-calculus. *Journal of Symbolic Computation*, 45(5):598–616, 2010.

[10] Glynn Winskel. *The Formal Semantics of Programming Languages: An Introduction*. The MIT Press, 1993.

[11] 五十嵐 淳 『プログラミング言語の基礎概念』サイエンス社, 2011.

[12] 大堀 淳 『プログラミング言語の基礎理論』情報数学講座 9. 共立出版, 1997.

[13] 高橋 正子『計算論：計算可能性とラムダ計算』コンピュータサイエンス大学講座 24. 近代科学社, 1991.

[14] 徳田 雄洋『コンパイラの基礎』サイエンス社, 2006.

[15] 萩谷 昌己『ソフトウェア科学のための論理学』岩波書店, 1994.

[16] 萩谷 昌己, 西崎 真也『論理と計算のしくみ』岩波書店, 2007.

[17] 林 晋『プログラム検証論』情報数学講座 8. 共立出版, 1995.

[18] 丸岡 章『計算理論とオートマトン言語理論』サイエンス社, 2005.

演習問題の解答

1.1

(1) $\exists x \in \mathbf{Nat}.a = x \times b$

(2) $\exists x, y \in \mathbf{Nat}.b = x \times a \wedge c = y \times a$

(3) $(\exists x, y \in \mathbf{Nat}.b = x \times a \wedge c = y \times a) \wedge$
$\forall z \in \mathbf{Nat}.((\exists x, y \in \mathbf{Nat}.b = x \times z \wedge c = y \times z) \Rightarrow z \le a)$

(4) $a > 1 \wedge \forall x, y \in \mathbf{Nat}.(a = x \times y \Rightarrow (x = 1 \vee x = a))$

(5) (4) の論理式を $isPrime(a)$ とすると,
$\forall z \in \mathbf{Nat}.\exists w \in \mathbf{Nat}.(w > z \wedge isPrime(w))$

解説:(3) の前半部分は a が公約数であることを,後半部分は他のどの公約数よりも大きいか等しいことを表す.(4) は a の因数が 1 と a 以外にないことを言えばよい.(5) は,「無限個存在する」を,「どんな数よりも大きな素数がある」で置き換えればよい.

1.2

$\{(x,y) \mid x \equiv y \pmod 2\}$ など.

1.3

$\{(0,0),(2,2),(3,3),(0,2),(2,3),(0,3)\}$.($\{(0,2),(2,3)\}$ を自然数上の 2 項関係とみなす場合には,$\{(0,2),(2,3)\}^* = \{(0,2),(2,3),(0,3)\} \cup \{(n,n) \mid n \in \mathbf{Nat}\}$.)

1.4

到達可能関係($(x,y) \in E^* \Leftrightarrow$ 点 x から点 y へ到達可能)を表す.

1.5

(1) $\{(0,0),(1,1)\},\{(0,1),(1,0)\}$.

(2) 6 （$\{0,1,2\}$ から $\{0,1\}$ への関数は $2^3 = 8$ 通り．そのうち，全射でないものは $\{(x,0) \mid x \in \{0,1,2\}\}$ と $\{(x,1) \mid x \in \{0,1,2\}\}$ の 2 つ）.

(3) $\{(2,0),(1,1)\}$.

1.6

可算集合であるものは (1) と (3).

解説：(1) は，a を 0, b を 1 と解釈し，列の先頭に 1 を加えれば，a, b の各列に対して異なる 2 進数を割り当てることができる（つまり a, b の有限列の集合から自然数の集合への単射が存在する）．逆に，任意の自然数に対し，その 2 進表記を考え，0 を a で，1 を b で置き換えれば，a, b からなる有限列が得られる．(2) は自然数 n を受け取って，n 番目の文字が a か b かを返す，**Nat** から $\{a,b\}$ への関数（あるいは，0 以上 1 以下の実数 $0.\cdots$ の 2 進表記）と考えれば，例 1.7 と同様に非可算とわかる．(3) は C 言語で使用できる文字の種類は有限個であり，プログラムはそれらの文字からなる有限列なので，(1) と同様にプログラムに自然数の番号を割り振ることができる．なお，(3) の結果と，実数が非可算集合であることから，C 言語のプログラムでは（その無限小数表示を）出力できない実数が存在することがわかる．

2.1

$$
\begin{array}{rcl}
\langle\,\text{整数}\,\rangle & ::= & 0 \mid \langle\,\text{正の数}\,\rangle \mid -\langle\,\text{正の数}\,\rangle \\
\langle\,\text{正の数}\,\rangle & ::= & \langle\,\text{0 以外の数字}\,\rangle \mid \langle\,\text{正の数}\,\rangle\langle\,\text{数字}\,\rangle \\
\langle\,\text{0 以外の数字}\,\rangle & ::= & 1 \mid 2 \mid \cdots \mid 9 \\
\langle\,\text{数字}\,\rangle & ::= & 0 \mid \langle\,\text{0 以外の数字}\,\rangle
\end{array}
$$

2.2

$$
\begin{array}{l}
\langle\,\text{変数}\,\rangle \longrightarrow \langle\,\text{大文字}\,\rangle\langle\,\text{英数字列}\,\rangle \longrightarrow \mathrm{X}\langle\,\text{英数字列}\,\rangle \longrightarrow \\
\mathrm{X}\langle\,\text{英数字}\,\rangle\langle\,\text{英数字列}\,\rangle \longrightarrow \mathrm{X}1\langle\,\text{英数字列}\,\rangle \longrightarrow \mathrm{X}1\epsilon = \mathrm{X}1
\end{array}
$$

2.3

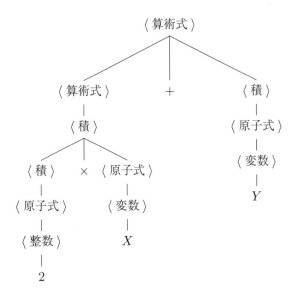

2.4

〈 論理式 〉　::=　〈 論理和 〉|〈 論理和 〉⇒〈 論理式 〉

〈 論理和 〉　::=　〈 論理積 〉|〈 論理和 〉∨〈 論理積 〉

〈 論理積 〉　::=　〈 原子式 〉|〈 論理積 〉∧〈 原子式 〉

〈 原子式 〉　::=　(〈 論理式 〉)|¬〈 原子式 〉|〈 論理変数 〉

2.5

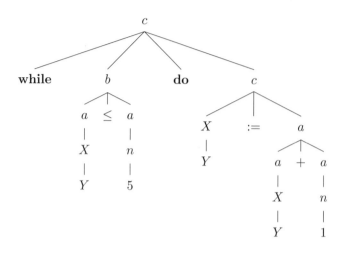

2.6

ブール式の集合に対する F は,

$$F(X) = \{\mathbf{true}, \mathbf{false}\} \cup \{a_0 \leq a_1 \mid a_0, a_1 \in \mathbf{Aexp}\} \cup$$
$$\{\mathbf{not}(b) \mid b \in X\} \cup \{b_0 \ \mathbf{and} \ b_1 \mid b_0, b_1 \in X\}$$

プログラムの集合に対する F は,

$$F(Y) = \{\mathbf{skip}\} \cup \{X := a \mid X \in \mathbf{Var} \wedge a \in \mathbf{Aexp}\} \cup$$
$$\{c_0 ; c_1 \mid c_0, c_1 \in Y\} \cup$$
$$\{\mathbf{if} \ b \ \mathbf{then} \ c_0 \ \mathbf{else} \ c_1 \mid b \in \mathbf{Bexp} \wedge c_0, c_1 \in Y\} \cup$$
$$\{\mathbf{while} \ b \ \mathbf{do} \ c \mid b \in \mathbf{Bexp} \wedge c \in Y\}$$

2.7

$\forall t \in \mathbf{BTree}.P(t)$ が成り立つための十分条件は,以下の 2 つの条件である.

(1) $P(\texttt{Leaf})$

(2) $\forall t_1, t_2 \in \mathbf{BTree}.P(t_1) \wedge P(t_2) \Rightarrow P(\texttt{Node}(t_1, t_2))$

t 中のノードの数とリーフの数をそれぞれ $\#node(t)$, $\#leaf(t)$ と書き,

$P(t) \overset{\triangle}{=} (\#node(t) = \#leaf(t) - 1)$ とすると,

(1)　$\#node(\texttt{Leaf}) = 0$, $\#leaf(\texttt{Leaf}) = 1$ より, $P(\texttt{Leaf})$ が成立.

(2)　$P(t_1) \wedge P(t_2)$ ならば, $\#node(\texttt{Node}(t_1, t_2)) = \#node(t_1) + \#node(t_2) + 1 = (\#leaf(t_1) - 1) + (\#leaf(t_2) - 1) + 1 = \#leaf(t_1) + \#leaf(t_2) - 1 = \#leaf(\texttt{Node}(t_1, t_2)) - 1$ より, $P(\texttt{Node}(t_1, t_2))$ が成立.

以上より, $\forall t \in \mathbf{BTree}.P(t)$, すなわち, 2分木のノードの数はリーフの数より必ず1小さい.

2.8

含まれない.

解説：a, b からなる（有限列および無限列を含む）文字列全体の集合を S とし, 関数 $F \in 2^S \to 2^S$ を次のように定義する.

$$F(X) = \{\text{a}, \text{b}\} \cup \{\text{a}s \mid s \in S\} \cup \{\text{b}s \mid s \in S\}$$

定義より, S_{ab} は, $F(X) \subseteq X$ を満たす**最小**の集合である. 今, S_1 を a, b からなる長さ1以上の有限列全体の集合とすると, $F(S_1) \subseteq S_1$ が成り立つ. したがって, $S_{ab} \subseteq S_1$ であり, S_{ab} には無限列は含まれない.

3.1

(1)　評価文脈：$[]$, インストラクション：$2 + 3$

(2)　評価文脈：$2 + []$, インストラクション：X

(3)　評価文脈：$[] \times X$, インストラクション：$2 + 3$

(4)　評価文脈：$(2 + []) \times Y$, インストラクション：X

3.2

$$((2 + \underline{X}) \times Y, \sigma) \longrightarrow ((\underline{2 + 2}) \times Y, \sigma) \longrightarrow (4 \times \underline{Y}, \sigma) \longrightarrow (\underline{4 \times 1}, \sigma) \longrightarrow (4, \sigma)$$

3.3

算術式 a の構造に関する帰納法により示す. a が変数 X のとき, $a = E_{\mathcal{A}}[I_{\mathcal{A}}]$ となる $E_{\mathcal{A}}$, $I_{\mathcal{A}}$ は $E_{\mathcal{A}} = []$, $I_{\mathcal{A}} = X$ のみである. a が $a_0 + a_1$ のとき, a_0,

a_1 が整数であるか否かにより場合分けを行う.

- a_0, a_1 がともに整数であるとき, $E_\mathcal{A} = [\,]$, $I_\mathcal{A} = a_0 + a_1$ とすれば $a = E_\mathcal{A}[I_\mathcal{A}]$ であり, 他にそのような $E_\mathcal{A}$, $I_\mathcal{A}$ の組は存在しない.

- a_0 が整数で a_1 が整数でないとき, 帰納法の仮定より, $E'_\mathcal{A}[I'_\mathcal{A}] = a_1$ を満たす評価文脈 $E'_\mathcal{A}$ およびインストラクション $I'_\mathcal{A}$ がただ一つ存在する. $E_\mathcal{A} = a_0 + E'_\mathcal{A}$, $I_\mathcal{A} = I'_\mathcal{A}$ とおけば, $a = E_\mathcal{A}[I_\mathcal{A}]$ が成り立つ. 逆に, $a = E''_\mathcal{A}[I''_\mathcal{A}]$ が成り立てば, $E''_\mathcal{A} = a_0 + E'''_\mathcal{A}$ かつ $E'''_\mathcal{A}[I''_\mathcal{A}] = a_1$ を満たす $E'''_\mathcal{A}$ が存在する. 帰納法の仮定より $E'''_\mathcal{A} = E'_\mathcal{A}$ かつ $I''_\mathcal{A} = I'_\mathcal{A}$, すなわち $E_\mathcal{A} = E''_\mathcal{A}$ かつ $I_\mathcal{A} = I''_\mathcal{A}$ が成り立つ.

- a_0 が整数でないとき, 帰納法の仮定より, $E'_\mathcal{A}[I'_\mathcal{A}] = a_0$ を満たす評価文脈 $E'_\mathcal{A}$ およびインストラクション $I'_\mathcal{A}$ が存在する. $E_\mathcal{A} = E'_\mathcal{A} + a_1$, $I_\mathcal{A} = I'_\mathcal{A}$ とおけば, $a = E_\mathcal{A}[I_\mathcal{A}]$ が成り立ち, 上と同様の議論により, 他に $a = E_\mathcal{A}[I_\mathcal{A}]$ を満たす $E_\mathcal{A}$, $I_\mathcal{A}$ は存在しない.

a が $a_0 \times a_1$ のときも同様.

3.4

演習問題 3.3 の結果より, a が簡約可能であれば, $a = E_\mathcal{A}[I_\mathcal{A}]$ を満たす $E_\mathcal{A}$, $I_\mathcal{A}$ がただ一つ存在する. 与えられた $I_\mathcal{A}$ に対し, 適用できる規則は一つのみであるから, $(a, \sigma) \longrightarrow (a_1, \sigma_1)$ を満たす a_1, σ_1 は高々一つである.

3.5

$$E_\mathcal{A} ::= [\,] \mid E_\mathcal{A} + a \mid a + E_\mathcal{A} \mid E_\mathcal{A} \times a \mid a \times E_\mathcal{A}$$

3.6

評価文脈:$(\mathbf{not}[\,])$ and $(Y \leq 1)$, インストラクション:$X \leq 1$.

3.7

演習問題 3.3 と同様.

3.8

評価文脈およびインストラクションの定義を以下のように変更し，B-And の規則を下の 2 つの規則で置き換えればよい．

$$E_{\mathcal{B}} \quad ::= \quad [\,] \mid \mathbf{not}(E_{\mathcal{B}}) \mid E_{\mathcal{B}} \text{ and } b$$
$$I_{\mathcal{B}} \quad ::= \quad a_0 \leq a_1 \mid \mathbf{not}(t) \mid t \text{ and } b$$

$$(E_{\mathcal{B}}[\mathbf{true} \text{ and } b], \sigma) \longrightarrow (E_{\mathcal{B}}[b], \sigma) \qquad \text{(B-AndT)}$$

$$(E_{\mathcal{B}}[\mathbf{false} \text{ and } b], \sigma) \longrightarrow (E_{\mathcal{B}}[\mathbf{false}], \sigma) \qquad \text{(B-AndF)}$$

3.9

評価文脈：$[\,]; \mathbf{while}\ 1 \leq X\ \mathbf{do}\ (S := S + X; X := X - 1)$

インストラクション：$S := 0$

3.10

$(\textsc{Euclid}, \sigma)$
$\longrightarrow$ $(\mathbf{if}\ \mathbf{not}(X = Y)\ \mathbf{then}\ (\mathbf{if}\ X \leq Y\ \mathbf{then}\ Y := Y - X\ \mathbf{else}\ X := X - Y); \textsc{Euclid}\ \mathbf{else}\ \mathbf{skip}, \sigma)$
$\longrightarrow$ $(\mathbf{if}\ \mathbf{not}(4 = Y)\ \mathbf{then}\ (\mathbf{if}\ X \leq Y\ \mathbf{then}\ Y := Y - X\ \mathbf{else}\ X := X - Y); \textsc{Euclid}\ \mathbf{else}\ \mathbf{skip}, \sigma)$
$\longrightarrow$ $(\mathbf{if}\ \mathbf{not}(4 = 6)\ \mathbf{then}\ (\mathbf{if}\ X \leq Y\ \mathbf{then}\ Y := Y - X\ \mathbf{else}\ X := X - Y); \textsc{Euclid}\ \mathbf{else}\ \mathbf{skip}, \sigma)$
$\longrightarrow$ $(\mathbf{if}\ \mathbf{not}(\mathbf{false})\ \mathbf{then}\ (\mathbf{if}\ X \leq Y\ \mathbf{then}\ Y := Y - X\ \mathbf{else}\ X := X - Y); \textsc{Euclid}\ \mathbf{else}\ \mathbf{skip}, \sigma)$
$\longrightarrow$ $(\mathbf{if}\ \mathbf{true}\ \mathbf{then}\ (\mathbf{if}\ X \leq Y\ \mathbf{then}\ Y := Y - X\ \mathbf{else}\ X := X - Y); \textsc{Euclid}\ \mathbf{else}\ \mathbf{skip}, \sigma)$
$\longrightarrow$ $((\mathbf{if}\ X \leq Y\ \mathbf{then}\ Y := Y - X\ \mathbf{else}\ X := X - Y); \textsc{Euclid}, \sigma)$
$\longrightarrow$ $((\mathbf{if}\ 4 \leq Y\ \mathbf{then}\ Y := Y - X\ \mathbf{else}\ X := X - Y); \textsc{Euclid}, \sigma)$
$\longrightarrow$ $((\mathbf{if}\ 4 \leq 6\ \mathbf{then}\ Y := Y - X\ \mathbf{else}\ X := X - Y); \textsc{Euclid}, \sigma)$
$\longrightarrow$ $((\mathbf{if}\ \mathbf{true}\ \mathbf{then}\ Y := Y - X\ \mathbf{else}\ X := X - Y); \textsc{Euclid}, \sigma)$
$\longrightarrow$ $(Y := Y - X; \textsc{Euclid}, \sigma)$
$\longrightarrow$ $(Y := 6 - X; \textsc{Euclid}, \sigma)$
$\longrightarrow$ $(Y := 6 - 4; \textsc{Euclid}, \sigma)$
$\longrightarrow$ $(Y := 2; \textsc{Euclid}, \sigma)$
$\longrightarrow$ $(\mathbf{skip}; \textsc{Euclid}, \sigma')$ ただし $\sigma' = \sigma\{Y \mapsto 4\} = \{X \mapsto 4, Y \mapsto 2\}$
$\longrightarrow$ $(\textsc{Euclid}, \sigma')$
$\longrightarrow^*$ $(\textsc{Euclid}, \sigma'')$ ただし $\sigma'' = \{X \mapsto 2, Y \mapsto 2\}$
$\longrightarrow^*$ $(\mathbf{if}\ \mathbf{not}(2 = 2)\ \mathbf{then}\ (\mathbf{if}\ X \leq Y\ \mathbf{then}\ Y := Y - X\ \mathbf{else}\ X := X - Y); \textsc{Euclid}\ \mathbf{else}\ \mathbf{skip}, \sigma'')$
$\longrightarrow^*$ $(\mathbf{if}\ \mathbf{false}\ \mathbf{then}\ (\mathbf{if}\ X \leq Y\ \mathbf{then}\ Y := Y - X\ \mathbf{else}\ X := X - Y); \textsc{Euclid}\ \mathbf{else}\ \mathbf{skip}, \sigma'')$
$\longrightarrow$ $(\mathbf{skip}, \sigma'')$

3.11

演習問題 3.3, 3.7 と同様．

3.12

演習問題 3.11 の結果より，c が簡約可能であれば，$c = E_\mathcal{C}[I_\mathcal{C}]$ を満たす $E_\mathcal{C}$，$I_\mathcal{C}$ がただ一つ存在する．与えられた $I_\mathcal{C}$ に対し，適用できる規則は一つのみであり，また，算術式，ブール式の簡約は一意であるから，$(c, \sigma) \longrightarrow (c_1, \sigma_1)$ を満たす c_1，σ_1 は高々一つである．

以下では，**and** や **not** の代わりに論理記号を用いることがある．

4.1

- 停止性：「N の値が 0 以上である状態のもとで SUM を評価すれば，評価はいずれ必ず停止する.」
- 部分正当性：「N の値が 0 以上である状態のもとで SUM の評価が停止すれば，そのときの状態の S の値は 1 から N の初期値までの和である.」

4.2

まず，「a は x と y の公約数である」ことを表す $a > 0 \land \exists z, w \in \mathbf{Num}.(x = a \times z \land y = a \times w)$ を $cd(a, x, y)$ と書くことにする（$\mathbf{Num}$ は整数の集合とする）．これを用いて，$gcd(g, x, y)$ は

$$cd(g, x, y) \land \forall a \in \mathbf{Num}.(cd(a, x, y) \Rightarrow a \leq g)$$

と表せる．

4.3

- 停止性：$\forall \sigma \in \mathbf{State}.(\sigma(N) \geq 0 \Rightarrow \exists \sigma' \in \mathbf{State}.(\text{SUM}, \sigma) \longrightarrow^* (\mathbf{skip}, \sigma'))$
- 部分正当性：$\forall \sigma, \sigma' \in \mathbf{State}. \left(\sigma(N) \geq 0 \land (\text{SUM}, \sigma) \longrightarrow^* (\mathbf{skip}, \sigma') \Rightarrow \sigma'(S) = \sum_{i=1}^{\sigma(N)} i \right)$

4.4

先に部分正当性を示す．SUM の while 文を SUM_0 とおき，まず

$$\forall n \in \mathbf{Nat}.\forall \sigma, \sigma' \in \mathbf{State}.\Bigg(\sigma(N) = n \wedge (\mathrm{SUM}_0, \sigma) \longrightarrow^* (\mathbf{skip}, \sigma')$$

$$\Rightarrow \sigma'(S) = \sigma(S) + \sum_{i=1}^{\sigma(N)} i \Bigg)$$

を数学的帰納法により示す．$n = 0$ のときは，$\sigma' = \sigma$ とすればよい．$n > 0$ のとき，$\sigma_1 = \sigma\{S \mapsto \sigma(S) + \sigma(N), N \mapsto \sigma(N) - 1\}$ とすれば，簡約列 $(\mathrm{SUM}_0, \sigma) \longrightarrow^* (\mathbf{skip}, \sigma')$ は $(\mathrm{SUM}_0, \sigma) \longrightarrow^* (\mathrm{SUM}_0, \sigma_1) \longrightarrow^* (\mathbf{skip}, \sigma')$ の形である．$(\mathrm{SUM}_0, \sigma_1) \longrightarrow^* (\mathbf{skip}, \sigma')$ に帰納法の仮定を適用すると，$\sigma'(S) = \sigma_1(S) + \sum_{i=1}^{\sigma_1(N)} i$ が得られる．これと σ_1 の定義より，$\sigma'(S) = (\sigma(S) + \sigma(N)) + \sum_{i=1}^{\sigma(N)-1} = \sigma(S) + \sum_{i=1}^{\sigma(N)}$ が成り立つ．

停止性は

$$\forall n \in \mathbf{Nat}.\forall \sigma \in \mathbf{State}.(\sigma(N) = n$$

$$\Rightarrow \exists \sigma' \in \mathbf{State}.(\mathrm{SUM}_0, \sigma) \longrightarrow^* (\mathbf{skip}, \sigma'))$$

を n に関する数学的帰納法で示せばよい．

4.5

初期状態の N の値を n とすれば，ループ不変条件は $N \geq 0 \wedge \Bigg(S + \sum_{i=1}^{N} i = \sum_{i=1}^{n} i \Bigg)$．ループ終了時にはループ不変条件および $\mathbf{not}(1 \leq N)$ が成り立つから，$N = 0$，ゆえに $S = \sum_{i=1}^{n} i$ が成り立つ．

4.6

(1) プログラム中の唯一のループである while 文の先頭における $N - X$ の値が，$N - X \geq -1$ の範囲で単調に減少するから．

(2) $X \leq N + 1 \wedge N = n \wedge R = m^{X-1}$

(3) プログラム終了時には $X \leq N + 1 \wedge N = n \wedge R = m^{X-1}$ かつ $\mathbf{not}(X \leq N)$ が成り立つ．よって，$X = N + 1 = n + 1$ が成り立ち，これを $R = m^{X-1}$ に代入すると $R = m^n$ が得られる．

5.1

$$\left[N = n \geq 0\right] SUM \left[S = \sum_{i=0}^{n} i\right]$$

5.2

いかなる初期状態のもとでも c は停止しないことを表す.

5.3

$c \stackrel{\triangle}{=} \textbf{while } N > 0 \textbf{ do } c_0$ とすると

$$\cfrac{\cfrac{\{N = n > 0 \land 0 = 0\}S := 0\{A\}}{\{N = n > 0\}S := 0\{A\}} \text{ H-Con} \qquad \cfrac{\cdots}{\{A\}c\{S = \sum_{i=1}^n i\}}}{\{N = n > 0\}SUM\{S = \sum_{i=1}^n i\}} \text{ H-Seq}$$

ただし $A \stackrel{\triangle}{=} (N = n > 0 \land S = 0)$ で, $\{N = n > 0 \land S = 0\}c\{S = \sum_{i=1}^n i\}$ は以下のように導出される.

$$\cfrac{\cfrac{\cfrac{\cfrac{\overline{\{B\}S := S + N\{C\}}}{\text{H-Assign}} \quad \overline{\{C\}N := N - 1\{I\}}}{\{B\}c_0\{I\}} \text{ H-Seq}}{\cfrac{\{I \land N > 0\}c_0\{I\}}{\{I\}c\{I \land \neg(N > 0)\}} \text{ H-While}}{\{N = n > 0 \land S = 0\}c\{S = \sum_{i=1}^n i\}}} \text{ H-Con}$$

ただし, $c_0 \stackrel{\triangle}{=} S := S + N; N := N - 1$ で, 論理式 I, B, C は以下で与えられる.

$$I \stackrel{\triangle}{=} (S + \sum_{i=1}^{N} i = \sum_{i=1}^n i) \land N \geq 0$$
$$B \stackrel{\triangle}{=} [S + N/S]C = (S + N + \sum_{i=1}^{N-1} i = \sum_{i=1}^n i) \land N - 1 \geq 0$$
$$C \stackrel{\triangle}{=} [N - 1/N]I = (S + \sum_{i=1}^{N-1} i = \sum_{i=1}^n i) \land N - 1 \geq 0$$

5.4

$$\forall \sigma \in \textbf{Var} \rightharpoonup \textbf{Num}.\forall I \in \textbf{IVar} \rightharpoonup \textbf{Num}.$$
$$\sigma, I \models A \Rightarrow \exists \sigma' \in \textbf{Var} \rightharpoonup \textbf{Num}.((c, \sigma) \longrightarrow^* (\textbf{skip}, \sigma') \land \sigma', I \models B)$$

5.5

前半は以下のとおり.

$$
\begin{aligned}
& wp(c, X = |n|) \\
={} & (0 \le X \wedge wp(\mathbf{skip}, X = |n|)) \vee \\
& (\mathbf{not}(0 \le X) \wedge wp(X := -X, X = |n|)) \\
={} & (0 \le X \wedge X = |n|) \vee (\mathbf{not}(0 \le X) \wedge -X = |n|) \\
\Longleftrightarrow{} & (0 \le X \wedge X = |n|) \vee (0 > X \wedge -X = |n|) \\
\Longleftrightarrow{} & |X| = |n|
\end{aligned}
$$

後半は $X = n \Rightarrow |X| = |n|$ より成り立つ.

5.6

まず $awp(c, B) = (A', C)$ かつ $\models C$ ならば $\vdash \{A'\}c'\{B\}$ であることを,c の構造に関する帰納法で(H-CON を用いつつ)示す.その上で vc の定義と H-Con より $\vdash \{A\}c'\{B\}$ を示し,そこから定理 5.1(ホーア論理の健全性)より結論を得る.

5.7

注釈つきプログラム SUM' は $N \ge 0$ **and** $S + \displaystyle\sum_{i=1}^{N} i = \sum_{i=1}^{n} i$ を I として

$$
S := 0; \mathbf{while}_I \ N > 0 \ \mathbf{do} \ (S := S + N; N := N - 1)
$$

while 文の部分を SUM'_0 とすると

$$
\begin{aligned}
& awp(N := N - 1, I) = ([N - 1/N]I, \mathbf{true}) \\
& awp(S := S + N, [N - 1/N]I) = ([S + N/S][N - 1/N]I, \mathbf{true}) \\
& awp(S := S + N; N := N - 1, I) = ([S + N/S][N - 1/N]I, \mathbf{true}) \\
& awp(SUM'_0, S = \sum_{i=1}^{n} i) \\
& \quad = \ (I, (I \ \mathbf{and} \ N > 0 \Rightarrow [S + N/S][N - 1/N]I) \ \mathbf{and} \\
& \qquad (I \ \mathbf{and} \ \mathbf{not}(N > 0) \Rightarrow S = \textstyle\sum_{i=1}^{n} i)) \\
& awp(S := 0, I) = ([0/S]I, \mathbf{true})
\end{aligned}
$$

$$awp(SUM', S = \sum_{i=1}^{n} i)$$
$$= ([0/S]I, (I \text{ and } N > 0 \Rightarrow [S + N/S][N - 1/N]I) \text{ and}$$
$$(I \text{ and } \mathbf{not}(N > 0) \Rightarrow S = \sum_{i=1}^{n} i))$$

よって検証条件は

$$(N = n > 0 \Rightarrow [0/S]I) \text{ and } (I \text{ and } N > 0 \Rightarrow [S + N/S][N - 1/N]I)$$
$$\text{and } (I \text{ and } \mathbf{not}(N > 0) \Rightarrow S = \sum_{i=1}^{n} i)$$

5.8

定義に従って書き下す.実装には代数的データ型と,それに対するパターンマッチングの機能を有する ML,Haskell などの関数型プログラミング言語が向いている.

6.1

$$F(f)(\sigma) = \begin{cases} \sigma & \text{if } \sigma(N) = 0 \\ f(\sigma\{R \mapsto \sigma(R) \times \sigma(N), N \mapsto \sigma(N) - 1\}) & \text{if } \sigma(N) \neq 0 \end{cases}$$

$$F(\emptyset)(\sigma) = \sigma \qquad \text{if } \sigma(N) = 0$$

$$F^2(\emptyset)(\sigma) = \begin{cases} \sigma & \text{if } \sigma(N) = 0 \\ \sigma\{R \mapsto \sigma(R) \times 1, N \mapsto 0\} & \text{if } \sigma(N) = 1 \end{cases}$$

$$F^3(\emptyset)(\sigma) = \begin{cases} \sigma & \text{if } \sigma(N) = 0 \\ \sigma\{R \mapsto \sigma(R) \times 1, N \mapsto 0\} & \text{if } \sigma(N) = 1 \\ \sigma\{R \mapsto \sigma(R) \times 2 \times 1, N \mapsto 0\} & \text{if } \sigma(N) = 2 \end{cases}$$

6.2

c の構文に関する帰納法による.ただし c が while 文の場合,前者(操作的

意味論）から後者（表示的意味論）は簡約列の長さの上界に関する数学的帰納法，後者（表示的意味論）から前者（操作的意味論）は $\bigcup_{n \in \mathbf{Nat}} F^n(\emptyset)$ の n に関する数学的帰納法で，それぞれ示す.

7.1

最左戦略の簡約列を示すが，それ以外の簡約順序でも良い.

$$
\begin{aligned}
&\lceil \mathbf{plus} \rceil \lceil 1 \rceil \lceil 2 \rceil \\
=\ & (\lambda m.\lambda n.\lambda s.\lambda z.m\,s\,(n\,s\,z))(\lambda s.\lambda z.s\,z)(\lambda s.\lambda z.s(s\,z)) \\
\longrightarrow_\beta\ & (\lambda n.\lambda s.\lambda z.(\lambda s.\lambda z.s\,z)s(n\,s\,z))(\lambda s.\lambda z.s(s\,z)) \\
\longrightarrow_\beta\ & (\lambda n.\lambda s.\lambda z.(\lambda z.s\,z)(n\,s\,z))(\lambda s.\lambda z.s(s\,z)) \\
\longrightarrow_\beta\ & (\lambda n.\lambda s.\lambda z.s(n\,s\,z))(\lambda s.\lambda z.s(s\,z)) \\
\longrightarrow_\beta\ & \lambda s.\lambda z.s((\lambda s.\lambda z.s(s\,z))s\,z) \\
\longrightarrow_\beta\ & \lambda s.\lambda z.s((\lambda z.s(s\,z))z) \\
\longrightarrow_\beta\ & \lambda s.\lambda z.s(s(s\,z)) \\
=\ & \lceil 3 \rceil
\end{aligned}
$$

7.2

$$
\begin{aligned}
&\lceil \mathbf{exp} \rceil \lceil 0 \rceil \lceil 0 \rceil \\
=\ & (\lambda m.\lambda n.n(\lceil \mathbf{mult} \rceil m)\lceil 1 \rceil)\lceil 0 \rceil \lceil 0 \rceil \\
\longrightarrow_\beta^*\ & \lceil 0 \rceil (\lceil \mathbf{mult} \rceil \lceil 0 \rceil)\lceil 1 \rceil \\
=\ & (\lambda s.\lambda z.z)(\lceil \mathbf{mult} \rceil \lceil 0 \rceil)\lceil 1 \rceil \\
\longrightarrow_\beta^*\ & \lceil 1 \rceil
\end{aligned}
$$

より $\lceil 1 \rceil$ すなわち $\lambda s.\lambda z.s\,z$ となる.

7.3

$$
\begin{aligned}
&\lceil \mathbf{fst} \rceil (\lceil \mathbf{pair} \rceil M_1\,M_2) \\
=\ & (\lambda p.p(\lambda x.\lambda y.x))(\lceil \mathbf{pair} \rceil M_1\,M_2)
\end{aligned}
$$

$$\longrightarrow_\beta (\lceil \mathbf{pair} \rceil\ M_1\ M_2)(\lambda x.\lambda y.x)$$
$$= ((\lambda x.\lambda y.\lambda f.f\ x\ y)M_1\ M_2)(\lambda x.\lambda y.x)$$
$$\longrightarrow_\beta^* (\lambda f.f\ M_1\ M_2)(\lambda x.\lambda y.x)$$
$$\longrightarrow_\beta (\lambda x.\lambda y.x)M_1\ M_2$$
$$\longrightarrow_\beta^* M_1$$

7.4

$$\lceil \mathbf{case\ inl}(e)\ \mathbf{of\ inl}(x) \Rightarrow e_1 \mid \mathbf{inr}(x) \Rightarrow e_2 \rceil$$
$$= (\lambda a.\lambda f.\lambda g.fa)\,\lceil e \rceil\,(\lambda x.\lceil e_1 \rceil)(\lambda x.\lceil e_2 \rceil)$$
$$\longrightarrow_\beta^* (\lambda x.\lceil e_1 \rceil)\,\lceil e \rceil$$
$$\longrightarrow_\beta [\lceil e \rceil /x]\,\lceil e_1 \rceil$$

7.5

静的型なし，かつデフォルトの評価戦略が遅延評価（lazy evaluation）の関数型言語なら（実際にはあまりないが），文法だけ合わせれば，通常は本文どおりの定義で動作するはずである．

Scheme のような値呼び（call-by-value）の言語では，評価を遅延するため，一部を η 展開する必要がある．

```
(define Y (lambda (f)
  ((lambda (x) (f (lambda (z) ((x x) z))))
   (lambda (x) (f (lambda (z) ((x x) z)))))))
(define fact (Y (lambda (f) (lambda (n)
  (if (= n 0) 1 (* n (f (- n 1))))))))
(fact 10)
; 3628800
```

さらに，OCaml (https://ocaml.org/) のような静的型つき言語では，以下のように適切な再帰型を有効にするか，定義する必要がある．

```
$ ocaml -rectypes
        OCaml version 4.02.3


# let y = fun f->
    (fun x->f(fun z->x x z))(fun x->f(fun z->x x z)) ;;
val y : (('a -> 'b) -> 'a -> 'b) -> 'a -> 'b = <fun>
# let fact = y(fun f->fun n->
    if n=0 then 1 else n*f(n-1)) ;;
val fact : int -> int = <fun>
# fact 10;;
- : int = 3628800

$ ocaml
        OCaml version 4.02.3


# type 'a t = C of ('a t -> 'a) ;;
type 'a t = C of ('a t -> 'a)
# let y = fun f->
    (fun(C x)->f(fun z->x(C x)z))
      (C(fun(C x)->f(fun z->x(C x)z))) ;;
val y : (('a -> 'b) -> 'a -> 'b) -> 'a -> 'b = <fun>
# let fact = y(fun f->fun n->
    if n=0 then 1 else n*f(n-1)) ;;
val fact : int -> int = <fun>
# fact 10 ;;
- : int = 3628800
```

　なお，Haskell (https://www.haskell.org/) は静的型つき，かつデフォルトで遅延評価の言語だが，実装（およびそのバージョン）によってはインライン展開を抑制しないと，不動点演算子 Y を記述してもコンパイルが停止しない.

8.1, 8.2

　ストレートではあるが，詳細は型システムに関する他書 [7] などを参照されたい．

8.3, 8.4

　定義に従って計算すれば良い．

8.5

　定義に従って実装すれば良い．問題 5.8 と同様に，実装には ML，Haskell などの関数型プログラミング言語が向いている．

索　引

著 者 略 歴

小 林 直 樹
こばやし なおき

1993 年 東京大学 大学院理学系研究科 修士課程修了
1996 年 東京大学より博士（理学）取得
現　在 東京大学 大学院情報理工学系研究科 教授

住 井 英 二 郎
すみ い えい じ ろう

2000 年 東京大学 大学院理学系研究科 修士課程修了
2004 年 東京大学より博士（情報理工学）取得
現　在 東北大学 大学院情報科学研究科 教授

主要著訳書
『型システム入門 プログラミング言語と型の理論』
（監訳），オーム社，2013.

ライブラリ情報学コア・テキスト＝11
プログラム意味論の基礎

2020 年 8 月 10 日 ©　　　　　　　　初 版 発 行

著 者 小 林 直 樹　　　　発行者 森 平 敏 孝
　　　 住 井 英 二 郎　　　印刷者 馬 場 信 幸
　　　　　　　　　　　　　　製本者 小 西 惠 介

発行所　　株式会社 サ イ エ ン ス 社

〒151–0051 東京都渋谷区千駄ヶ谷 1 丁目 3 番 25 号
営業 ☎ (03) 5474–8500（代）　振替 00170–7–2387
編集 ☎ (03) 5474–8600（代）
FAX ☎ (03) 5474–8900

印刷　三美印刷(株)　　製本　ブックアート

《検印省略》

サイエンス社のホームページのご案内
https://www.saiensu.co.jp
ご意見・ご要望は
rikei@saiensu.co.jp まで.

ISBN978-4-7819-1483-1
PRINTED IN JAPAN